AI应用高效实操大全

生活咨询+办公文案+
绘画设计+音视频创作

王晓蕾　姜旬恂　王悠◎著

化学工业出版社

·北京·

内 容 简 介

本书全面讲解了AI技术在多个领域的实践应用，内容涵盖写作、办公、生活、学习、绘画、摄影、设计、图片处理、音频、视频等多个场景。

全书共分为9章，通过实战的形式，帮助读者快速掌握AI在各领域的应用。第1章介绍了AI提问技巧，帮助读者掌握如何通过精准提问获得最优结果。第2章探讨了AI在工作中的具体应用，涵盖工作写作、办公软件和办公助手等方面。第3章聚焦AI在日常生活中的应用，包括购物、娱乐、旅游、健康管理、美食厨房、健身、穿搭、育儿、心理咨询、法律咨询等多个方面。第4章探讨了AI在学习领域的应用，如学习规划、语言学习、编程教育、艺术鉴赏、插花指导、论文润色等。第5章详细讲解了AI在绘画领域的应用，包括传统绘画创作、插画创作、人物头像设计、游戏素材生成等内容。第6章介绍了AI在设计领域的实践，涵盖服装设计、产品设计、建筑设计和视觉设计等多个方向。第7章进一步探讨了AI在摄影中的应用，包括生成摄影图像要素关键词、人像摄影、动物摄影、风光摄影及AI修图功能。第8章介绍了AI在音频领域的应用，如文字配音、声音克隆、视频翻译和歌曲创作等内容。第9章则集中讲解了AI在视频创作中的应用，包括基本的视频生成方法，以及利用多种AI工具完成视频短片的制作。

本书适合AI初学者、进阶爱好者，以及希望借助AI工具提升效率的各类人群。本书内容覆盖广泛，能够为读者在多个领域提供实用指导和支持。

图书在版编目（CIP）数据

AI应用高效实操大全 ：生活咨询+办公文案+绘画设计+音视频创作 / 王晓蕾，姜旬恂，王悠著. -- 北京 ：化学工业出版社，2025. 3. -- ISBN 978-7-122-47250-2

Ⅰ. TP18

中国国家版本馆CIP数据核字第20259GQ128号

责任编辑：王婷婷 　　　　　　　　　　　封面设计：异一设计
责任校对：李　爽 　　　　　　　　　　　装帧设计：盟诺文化

出版发行：化学工业出版社（北京市东城区青年湖南街13号　邮政编码100011）
印　　装：大厂回族自治县聚鑫印刷有限责任公司
710mm×1000mm　1/16　印张15¼　字数301千字　2025年4月北京第1版第1次印刷

购书咨询：010-64518888 　　　　　　售后服务：010-64518899
网　　址：http://www.cip.com.cn
凡购买本书，如有缺损质量问题，本社销售中心负责调换。

定　价：69.00元

前　言

　　在AI技术迅猛发展的背景下，人们的生活与工作正在经历变革，同时也面临诸多挑战。如何有效学习并使用AI技术，以更高效地完成工作，已成为每个人都必须应对的重要课题。

　　AI的兴起不仅为社会带来了前所未有的机遇与挑战，也标志着社会生产力的变革。高效利用AI、与AI协同合作，是未来发展的关键。通过持续学习、适应变化、保持批判性思维与合作精神，社会将更好地拥抱AI技术，在提升效率和推动创新的同时，也为可持续发展贡献力量。未来，人工智能工具或将成为人们生活和工作的"标配"。

编写目的

　　AI的崛起为各行各业带来了前所未有的挑战与机遇。本书的主要目的是帮助读者全面拥抱AI，掌握各类AI工具，并灵活地将AI运用到各种场景中，将其转化为促进个人成长的有力工具。

　　AI应用广泛，例如，AI能够在短时间内生成高质量的文章、设计草图或营销方案，使人们能将更多的时间专注于更具创造性和战略性的任务。此外，AI参与绘画创作不仅拓展了创作形式，还突破了传统绘画的难度起点，没有绘画基础的人也可以借助AI生成各种风格的绘画作品。在视频与音频方面，无须专业设备，AI即可快速生成高质量的配音，自动创作出一首完整的音乐作品。同时，利用AI视频技术已能生成几秒的动态视频，人们可以轻松制作简单的短视频。

本书特点

　　· 快速从零起步

　　全书包含128个操作演示视频，通过图文的方式进行操作案例讲解。本书完全站在初学者的立场，采用循序渐进的方式，深入浅出地讲解了各类AI工具、功能和技术要点。读者只需按照书中的步骤逐步学习，即使是零基础，也能全面掌握相关软件。

·实战涵盖全面

本书共121个实战案例，是一本不可多得的实用指南，旨在全面提升读者的实际操作能力。作者通过精心挑选并设计了丰富多样的案例，涵盖多个行业和应用场景，帮助读者在阅读过程中拓宽视野，并将所学知识有效地运用到实践中去。

·高效解决问题

本书共总结了13种提问技巧，通过学习各种提问技巧，可以更高效地向AI提出具有针对性的问题，使AI的答复更贴近期望的答案。此外，本书还包含一系列针对日常生活和工作中典型痛、难点场景下常见问题的AI讲解方案，大大节省了大家自行探索的时间。

·启发创新思维

通过学习本书中各行各业的实践案例，读者不仅能掌握AI生成内容的实际操作方法，还能从中获得启发，激发创新思维。这些案例展示了如何将AI技术巧妙地融入创意设计、内容生产、营销推广等领域，推动传统业务模式的转型与升级。在实际应用中，读者可以学会如何灵活运用AI工具来提升效率、优化流程，甚至探索全新的创作方式和服务形态。深入了解各类AI技术的实践，不仅能提高个人和团队的竞争力，还为未来的创新与发展提供了丰富的灵感和思路。

·跨行业普适性

本书涵盖了互动咨询、办公应用、教育学习、文案写作、绘画生成、各类设计、摄影生成、AI修图、视频音频等多个领域，展现出了极强的适用性与可迁移性。无论从事哪个行业，读者都能从中获取跨界灵感，探索新的思路与解决方案。这种多元化的内容不仅可以帮助从业者深入了解各领域的AI应用，还能促使他们将AI技术创造性地融入自身的工作中，实现流程优化、效能提升及创新突破。通过跨领域的应用示范，本书为不同行业的专业人士提供了开阔视野、推动变革的宝贵资源。

目　录

第1章　AIGC揭秘：解锁智能科技的实用秘籍 1

1.1　AI提问技巧：掌握9个高效提问技巧 2

　1.1.1　具体性 2

　1.1.2　尊重性 3

　1.1.3　直接性 4

　1.1.4　角色扮演 5

　1.1.5　逐步深入 6

　1.1.6　背景提供 11

　1.1.7　避免引导性 13

　1.1.8　提供外部资料 15

　1.1.9　优化回答指令 18

1.2　AI提问方式：解锁4个精准提问秘诀 20

　1.2.1　开放式提问 20

　1.2.2　封闭式提问 22

　1.2.3　引导式提问 23

　1.2.4　反问式提问 24

1.3　AI平台工具：掌握4大类AI工具 25

　1.3.1　语言类 25

　1.3.2　图像类 31

　1.3.3　视频类 35

　1.3.4　音频类 38

第2章　职场赋能：AI在工作中的创新应用实践 42

2.1　AI工作写作：下笔如有"神"助攻 43

　2.1.1　撰写新闻稿（ChatGPT）...43

　　2.1.2　演讲稿件（文心一言）...44

　　2.1.3　教案撰写（ChatGPT）...45

　　2.1.4　简历修改（文心一言）...47

　　2.1.5　活动策划（ChatGPT）...49

　　2.1.6　研究报告（Perplexity）...51

　　2.1.7　内容检测（文心一言）...53

　　2.1.8　广告插播（文心一言）...54

　　2.1.9　小红书爆款标题（ChatGPT）...54

　　2.1.10　小红书爆款文案（ChatGPT）...55

　　2.1.11　爆款短剧剧本创作（ChatGPT）...57

　　2.1.12　辅助编程（ChatGPT）...60

　2.2　AI办公软件：助力文档处理与制作...61

　　2.2.1　文档整合表格（文心一言）...61

　　2.2.2　一键生成PPT（WPS AI）...63

　　2.2.3　一键生成表格函数（WPS AI）...64

　　2.2.4　总结文档内容（WPS AI）...65

　　2.2.5　生成折线图（文心一言）...66

　　2.2.6　整理思维导图（TreeMind树图）...66

　2.3　AI办公助手：助力办公与沟通...68

　　2.3.1　办公翻译（ChatGPT）...68

　　2.3.2　会议纪要总结（通义效率助手）...70

　　2.3.3　撰写电子邮件（文心一言）...71

第3章　点亮生活：AI在日常中的实用玩法.............................72

3.1　购物选择：10倍效率提升（文心一言）...73

3.2　生活娱乐：点亮生活色彩（ChatGPT）...74

3.3　旅游攻略：让假期更美好（ChatGPT）...75

3.4　健康管理：专注健康生活（ChatGPT）...79

3.5　美食厨房：新手秒变大厨（文心一言）...80

3.6　健身计划：打造强健体魄（ChatGPT）...82

3.7　穿搭助手：轻松拿捏时尚（文心一言）..83

3.8　育儿专家：宝宝健康成长（文心一言）..84

3.9　心理咨询：关注心理健康（ChatGPT）..85

3.10　法律咨询：法律顾问助手（ChatGPT）...86

第4章　助力成长：AI为加速学习的最佳应用..................... 91

4.1　学习助手：助力个人成长..92

4.1.1　学习规划（ChatGPT）..92

4.1.2　语言学习（ChatGPT+文心一言）..94

4.1.3　编程教育（文心一言）..96

4.1.4　艺术鉴赏（ChatGPT）..100

4.1.5　插花指导（文心一言）..101

4.1.6　雅思评分（文心一言）..102

4.2　论文写作：辅助速成论文..104

4.2.1　论文选题（ChatGPT）..104

4.2.2　生成论文大纲（ChatGPT）..105

4.2.3　论文润色（文心一言）..107

第5章　激发灵感：AI助力绘画创作的全新方式..................... 109

5.1　绘画创作：打破传统界限..110

5.1.1　国画..110

5.1.2　油画..112

5.1.3　水彩画..115

5.1.4　素描..116

5.2　插画创作：突破视觉边界..119

5.3　人物头像创作：三次元到二次元的转换..128

5.3.1　卡通风格头像（Midjourney）..128

5.3.2　皮克斯风格头像（Midjourney）..130

5.4　游戏素材创作：快速打造3D游戏素材..131

5.4.1　游戏道具（Midjourney）..132

5.4.2　游戏场景（Stable Diffusion）...133

第6章　设计革新：AI赋能设计的创作新路径 137

6.1　服装设计 138

6.1.1　上衣（奇域AI）.........................138

6.1.2　礼服（Midjourney）.........................138

6.1.3　帽子（Midjourney）.........................139

6.1.4　鞋子（文心一格）.........................140

6.2　产品设计 141

6.2.1　玩具（文心一格）.........................141

6.2.2　珠宝（Midjourney）.........................142

6.2.3　家具（Midjourney）.........................143

6.2.4　电子产品（Midjourney）.........................143

6.3　建筑设计 144

6.3.1　手绘（Midjourney）.........................144

6.3.2　园林（Stable Diffusion）.........................145

6.3.3　室内（Stable Diffusion）.........................148

6.3.4　办公楼（Stable Diffusion）.........................150

6.4　视觉设计 152

6.4.1　LOGO（文心一言）.........................152

6.4.2　包装（Midjourney）.........................153

6.4.3　弹窗（Midjourney）.........................154

6.4.4　App界面（Midjourney）.........................155

6.4.5　电商主图（定稿设计）.........................156

第7章　摄影生成：AI创作摄影艺术的独特玩法 159

7.1　生成摄影图像的5大要素 160

7.1.1　控制镜头关键词 160

7.1.2　控制景别关键词 161

7.1.3　控制构图关键词 163

7.1.4　控制光线关键词 164

7.1.5　控制视角关键词 165

7.2　人像AI摄影实例 **167**

7.2.1　公园人像（文心一格）...167

7.2.2　室内人像（Stable Diffusion）..168

7.2.3　古风人像（Midjourney）...170

7.2.4　电影镜头人像（Midjourney）..170

7.3　动物AI摄影实例 **171**

7.3.1　鱼类动物（奇域AI）...171

7.3.2　飞禽类动物（Midjourney）..172

7.3.3　哺乳类动物（Stable Diffusion）...173

7.3.4　昆虫类动物（Midjourney）..175

7.4　风光AI摄影实例 **176**

7.4.1　自然风光（Midjourney）...176

7.4.2　街道风光（Midjourney）...177

7.4.3　田园风光（文心一格）...178

7.4.4　名胜古迹（奇域AI）...179

7.5　AI修图：开启修图新篇章 **179**

7.5.1　Photoshop AI修图...179

7.5.2　Midjourney修图...183

第8章　音频创造：AI塑造音频的奇妙方式 **193**

8.1　AI语音与配音技术 **194**

8.1.1　AI文本转语音...194

8.1.2　AI声音克隆...196

8.1.3　AI视频翻译...197

8.2　AI音乐创作与定制 **198**

8.2.1　AI纯音乐创作...199

8.2.2　AI歌曲创作...201

8.2.3　AI私人音乐定制..202

第9章 影像演进：AI在视频影像中的探索..........................210

9.1 AI视频基本生成方式..211

9.1.1 文本转换视频：革新传统视频教学内容.....................211

9.1.2 图片转换视频：赋予静态图片生命力.......................213

9.1.3 人物视频对口音：打破视频语言对话.......................215

9.2 电影预告视频制作...216

9.2.1 使用ChatGPT生成文本内容..............................217

9.2.2 使用Midjourney生成素材...............................219

9.2.3 导入Photoshop微调画面................................222

9.2.4 使用Runway制作动画效果...............................223

9.2.5 使用Suno生成音乐....................................229

9.2.6 导入剪映中进行剪辑..................................230

第 1 章
AIGC 揭秘：解锁智能科技的实用秘籍

　　实际上，人与AI的沟通过程和人与人之间的沟通在本质上是相似的，大家不只可以期待获得多样化的答案，更希望AI能够理解并回应自己的具体需求。在这个过程中，向AI清晰、准确地描述自己的需求显得尤为重要，这有助于AI更准确地理解用户的意图，从而提供更加符合用户期待的回答和解决方案。

1.1 AI 提问技巧：掌握 9 个高效提问技巧

通过学习并掌握多种提问技巧，可以更有效地引导AI回答，使其能够缩小回答范围，进而提供更加具体、准确的信息和选项。

1.1.1 具体性

在解决复杂的问题时，人们通常希望获得明确的答案，而不是全面的答案。然而，有时AI会给出过于详细的回答，反而增加了选择的困难。这时，通过多选提问并避免模糊或笼统的问题，可以更好地帮助AI聚焦目标，从而确保其能够准确理解并回答问题。

下面介绍提问方式。需要解决的问题+（选项1）、（选项2）、（选项3）。

✖ 错误提问：

我是一名上班族，如何利用下班的时间提升自己呢？

◎ 答：

作为上班族，利用下班时间提升自己可以从以下几个方面入手。

1. 制订学习计划：确定你想要提升的领域，并制订一个合理的学习计划，可以是职业技能、语言学习、编程、市场营销等。

2. 在线课程：利用平台如Coursera、Udemy、LinkedIn Learning等，选择合适的在线课程进行学习。

3. 阅读：每天抽出一段时间阅读专业书籍、行业文章或相关的期刊，保持知识的更新。

4. 锻炼身体：身体健康是工作和学习的基础，可以尝试跑步、瑜伽、健身等运动，既能放松心情又能增强体质。

5. 参加讲座和研讨会：线上线下的讲座和研讨会是了解行业动态和拓展人脉的好机会。

6. 实践项目：将学到的知识应用到实际项目中，通过实践来巩固和提升技能。

7. 时间管理：合理安排下班后的时间，避免拖延，确保学习和生活的平衡。

8. 休息和娱乐：适当的休息和娱乐也很重要，保持良好的精神状态才能更有效地提升自己。

虽然AI给出了提升的方式，但是作为一个上班族，更加希望获得的是一个具体的方案，而非"说教式"的理念。那么怎么获得更好的回答呢？大家可以进一步缩小提问范围，给AI更加具体的信息和选项，让它帮忙得到更便于决策的答案。

✔ 正确提问：

我是一名上班族，工作岗位是人事专员，想利用下班的时间进行自我提升，请问以下3种提升方式哪个更有利于我的未来发展呢？

1. 瑜伽运动

2. 学习法律知识

3. 学习自媒体运营

◎答：

作为一名人事专员，以下3种提升方式对你未来发展的利弊各有不同。

1. 瑜伽运动

优点：保持身体健康，减轻工作压力，提高工作效率。对管理和缓解工作中的压力非常有帮助。

劣势：对直接的职业发展帮助有限，但长期来看有利于身心健康。

2. 学习法律知识

优点：人力资源管理中涉及许多法律问题，学习法律知识可以帮助你更好地处理劳动合同、劳动纠纷等问题，提高专业水平和竞争力。

劣势：法律知识较为复杂，需要投入较多的时间和精力学习。

3. 学习自媒体运营

优点：自媒体运营技能可以帮助你提升公司的人力资源品牌，吸引更多优秀人才，同时也可以作为未来职业发展的备用技能。

劣势：与人事工作的直接相关性较低，可能需要更多的时间来看到实际效果。

综合考虑：如果你希望在当前人事专员岗位上有所提升，学习法律知识可能是最有利的选择，因为它能直接提升你在工作中的专业能力和竞争力。学习自媒体运营也具有潜在的职业发展优势，特别是如果你有兴趣拓展职业方向。瑜伽运动则有助于保持身心健康，是一个长期有益的习惯，但对职业发展直接帮助较小。

1.1.2　尊重性

尊重回答者的时间和知识可以建立良好的沟通氛围，提高得到帮助的概率。不尊重回答者的提问方式可能会引起回答者的不愉快或者不愿意继续帮助。

在AI中提问时，尊重性主要体现在语气、措辞和对待AI的态度上。以下是一些尊重的提问方式及示例。

（1）使用礼貌用语：在提问时，使用"请""谢谢"等礼貌用语，可以表达对AI的尊重。

示例："请帮我查找一下关于气候变化的最新研究报告，谢谢！"

（2）避免命令式语气：尽量避免使用命令式的语气，而是采用询问或请求的方式。

示例："能否帮我分析一下这份市场报告的数据？"而不是"分析这份市场报告的数据给我！"

（3）明确且具体地表达需求：清晰地阐述你的问题或需求，这既有助于AI更好地理解你的意图，也显示出你对AI工作的尊重。

示例："我正在寻找一款适合小型企业的CRM系统，你能推荐几款吗？"

（4）尊重AI的局限性：了解并尊重AI的能力范围，不要提出超出其能力范围的问题。

如果不确定AI是否能回答某个问题，可以这样问："你能帮我解答一下有关量子物理学的复杂问题吗？"或者"你是否能推荐一些相关的资源？"

（5）尊重隐私和伦理：不要提出侵犯隐私或违反伦理道德的问题。

例如，避免询问涉及个人隐私或敏感信息的问题。

遵循以上原则，可以在与AI交互时表示尊重和礼貌，从而建立更和谐的人机关系。

1.1.3　直接性

在AI中提问时，用直接、明了的方式表达问题，尽量使用简短、直接的词句来提问，避免使用冗长或复杂的句子结构。明确核心问题，直接提出你想要了解的核心问题，避免附加不必要的细节或背景信息。

✖ 错误提问：

我在考虑买一部新手机，但我不知道应该选择哪个品牌、哪个型号，还有我应该关注哪些性能指标，以及在哪里购买会比较划算，你能给我一些建议吗？

◎ 答：

当考虑购买新手机时，确实需要考虑多个方面，包括品牌、型号、性能指标及购买渠道。以下是我为您整理的建议。

1. 品牌和型号选择

品牌：优先考虑大品牌，如华为、荣耀、小米、OPPO、vivo等。这些品牌不仅做工和品质有保障，售后服务也相当到位，维修成本更低。

型号：根据您的预算和需求来选择。如果预算充足，可以考虑各品牌的旗舰机型，如iPhone 15 Pro Max、HUAWEI Pura 70 Pro+等。若追求性价比，可以选择如vivo X100 Ultra、OPPO Find X 7 Ultra等中高端机型。

2. 性能指标关注

处理器：手机处理器相当于手机的大脑，对手机性能至关重要。目前市场上主流的处理器有骁龙、麒麟、联发科等，性能各有优劣，您可以根据自身的需求和预算来选择合适的处理器。

电池容量：电池容量越大，手机的续航能力就越强。尽量选择电池容量较大的手机，以确保在长时间使用后仍有足够的电量。

屏幕参数：关注屏幕分辨率、刷新率、触控采样率等指标，这些将直接影响手机的显示效果和操作体验。

拍照性能：如果您注重拍照功能，可以关注手机摄像头的像素、光学防抖、夜景拍摄等性能。

3. 购买渠道选择

线上渠道：优先考虑京东自营、各大手机厂商官网等正规渠道。这些渠道价格透明，且经常有优惠活动。在购买时，可以关注618、双11等大促销活动，以获取更多优惠。

线下渠道：如果您所在地区有实体店，也可以考虑线下购买。不过，在购买前请务必了解清楚价格、售后服务等政策。

综上所述，购买新手机时需要综合考虑品牌、型号、性能指标及购买渠道等多个方面。希望这些建议能帮助您做出更明智的选择。

这个问题包含太多的问题点，使得AI难以给出一个精确和简洁的答案。而简明的具有要点的提问，能使AI的回答更加具有针对性，更具有参考价值。

✅ 正确提问：

iPhone 15的性能如何？

◎ 答：

iPhone 15配备了强大的A16仿生芯片，可在从视频流媒体到 4K 视频编辑和游戏等广泛的任务中提供卓越性能。即使在高强度使用下也能保持流畅运行，但在长时间游戏过程中会变热。电池续航能力不错，在混合使用下通常可持续一天，并支持 USB-C充电。虽然不如iPhone 15 Pro的A17 Pro高端，但A16 仿生芯片确保了强大且响应迅速的使用体验。

1.1.4 角色扮演

使用角色扮演式提问，即指用户指定AI以特定角色如健身教练、法律顾问等来回答问题。通过为AI赋予明确的身份，并结合具体指令进行全面、深入的引导，可以使AI更加精准地理解和回应提问者的需求。这种方法有助于提高AI回答问题的准确性和实用性，确保用户能够获得满意的解答。

❌ 错误提问：

我想减重并提高体能，但不知道该怎么制订健身计划。你能帮我制订一个健身计划吗？

◎ 答：

要减重并提高体能，可以采取以下措施。

1. 控制饮食，减少高糖和高脂肪食品的摄入。

2. 每周进行有氧运动和力量训练。

3. 确保充足的睡眠和水分摄入。

4. 管理压力，避免暴饮暴食。

从以上提问范例可以看到，AI基于用户需求给出了一个具体的答案，提供了减重的方法。但是这个回答并不是很专业，缺少具体执行方式与安排，如果能进行减重计划的个性化定制将会更加符合需求。下面根据问题匹配角色，赋予专业身份，如赋予AI一个专业健身教练的身份并结合指令进行全面和深入的引导，以让AI更容易满足提问需求。

（1）定义角色：首先，明确告诉AI助手你希望它扮演的角色。在这个例子中，让AI助手扮演一个专业的健身教练。

（2）提供背景信息：接着详细描述你目前的身体状况、目标、时间等背景信息。

（3）明确任务目标：清晰地说明你的具体需求，即希望AI助手完成的任务。

✅ 正确提问：

你是一名具有丰富经验的健身教练，专门帮助人们制订个性化的健身计划。我将提供一些关于我目前的身体状况和健身目标的细节，请你帮助我制订一个有效的健身计划。

我的体重超标，体脂率较高，目标是减重和提高整体体能。请根据我的情况制订一个详细的健身计划，包含饮食建议和锻炼方案。

◎ 答：

作为一名具有丰富经验的健身教练，我理解你在减重和提高体能方面的目标。以下是我为你制订的健身计划。

1. 饮食建议

均衡饮食：每天摄入足够的蛋白质、碳水化合物和健康脂肪，避免高糖和高脂肪食品。

热量控制：每日摄入的热量应低于消耗的热量，建议使用食物日记记录每日摄入。

多餐少量：每天吃5～6餐小餐，以保持代谢水平。

2. 锻炼方案

有氧运动：每周进行至少150分钟中等强度的有氧运动，如快走、慢跑或骑自行车。

力量训练：每周进行2～3次全身力量训练，重点锻炼大肌群，增加肌肉质量。

灵活性训练：每周进行1～2次瑜伽或伸展运动，提高身体的柔韧性。

3. 日常习惯

充足睡眠：每晚确保7～8小时的优质睡眠，促进身体恢复。

水分摄入：每天饮用足够的水，保持身体水分平衡。

压力管理：通过冥想、深呼吸等方法管理压力，避免压力引起暴饮暴食。

通过以上计划，你将逐步达到减重和提高体能的目标。如有进一步问题或需要调整计划，请随时向我咨询。

1.1.5 逐步深入

逐步深入提问法的优势在于，它允许用户根据AI的反馈来逐步细化问题，进而获取更精确和实用的信息。面对复杂的问题，可以将其分解为若干个小而简单的问题，这样有助于AI分步理解并回答，而不是一次性解决一个庞大复杂的问题。通过提出一系列有针对性的问题，用户可以引导AI提供更详尽的建议和指导，这对于制订具体的行动计划非常有帮助。

✕ 错误提问：

我现在有15万元的预算，想开一家网店，请你帮我列举5个适合新手经营的产品，并且帮我分析产品的成本和进行风险评估。

◎ 答：

对于新手经营的网店，以下是5个可以考虑的产品，并附带它们的成本和风险评估。

1. 手工艺品和文化产品

成本评估：通常包括原材料成本、制造成本和包装成本可以选择低成本的原材料开始，逐步增加定制和提高品质。

风险评估：市场需求可能受季节和时尚的影响，需要持续的市场调研和品牌建设来稳定销量。

2. 健康与美容产品

成本评估：包括产品采购成本、包装和运输成本可以选择独特的品牌或特定的健康效果来区分市场。

风险评估：竞争激烈，但健康和美容产品有稳定的市场需求，不过需要注意法规和认证要求。

3. 宠物用品

成本评估：主要涉及食品、玩具、床上用品的采购成本和库存管理。初期可以选择热销的产品品种。

风险评估：宠物用品市场增长快速，但价格竞争激烈。需要关注季节性需求和市场趋势。

4. 家居装饰品

成本评估：涉及家居装饰品的采购成本、仓储成本和包装成本，可以选择独特设计或定制服务来吸引消费者。

风险评估：需求受到经济环境和季节影响，需要精准的市场定位和定期的产品更新。

5. 数码配件和小工具

成本评估：主要包括采购成本、包装和售后服务成本，可以选择市场需求稳定的高质量产品。

风险评估：快速变化的技术和市场价格波动是主要风险，需要灵活的库存管理和产品更新策略。

以上产品选择考虑了市场的广泛需求和初创企业的预算限制。每种产品的成功与否取决于良好的市场调研、精准的目标市场定位和有效的营销策略。

目前的提问容易得到泛泛而谈的回答，缺乏深度和细节，无法满足用户的实际需求。因此，逐步深入提问法是一种更有效的提问策略。

✅ **正确提问1：**

你现在是一位电商专家，我想开一家店铺，请问可以帮我选出5款全网最为火爆又适合新手经营的产品吗？成本预算在15万元左右。

◎ **答：**

1. 智能家居设备

理由：随着智能家居的普及，智能家居设备越来越受到欢迎。这类产品包括智能灯泡、智能插座、智能音箱等。

建议产品：智能音箱（如亚马逊Echo、谷歌Home）、智能灯泡（如飞利浦Hue）、智能摄像头。

初始成本：大约5万元。

2. 健康和健身器材

理由：健康和健身是永恒的主题，尤其是疫情防控期间，家庭健身器材需求激增。这类产品易于销售且利润空间较大。

建议产品：瑜伽垫、阻力带、哑铃、家用跑步机。

初始成本：大约4万元。

3. 环保生活用品

理由：环保理念日益深入人心，越来越多的消费者愿意购买环保产品。这类产品包括可重复使用的购物袋、不锈钢吸管等。

建议产品：可重复使用的购物袋、不锈钢吸管、竹质牙刷、环保水杯。

初始成本：大约2万元。

4. 宠物用品

理由：宠物市场持续增长，宠物用品需求量大。宠物主人愿意为宠物花费，因此这个市场有很大的潜力。

建议产品：宠物玩具、宠物床、宠物服装、宠物食品。

初始成本：大约3万元。

5. 电子配件

理由：电子配件市场需求稳定，且更新换代快，包括手机壳、数据线、充电宝等，这些产品需求量大，易于推广。

建议产品：手机壳、数据线、充电宝、蓝牙耳机。

初始成本：大约1万元。

这些产品在市场上都有较高的需求，并且易于操作和推广。根据你的预算，你可以灵活调整每个产品的初始采购数量，确保总成本在15万元以内。希望这些建议对你有帮助，祝你的店铺开业大吉！

目前推荐的这些产品中规中矩，而且似乎没有足够的数据支撑，下一步让AI提供数据来说明吧。

✓ 正确提问2：

请问这些有相关的数据支撑吗？内容请注明来源。

◎ 答：

为确保推荐的产品有数据支撑，我将提供相关的数据和来源来支持这些选择。以下是每款产品的市场趋势和数据支持。

1. 智能家居设备

市场趋势：根据市场研究公司Statista的报告，全球智能家居市场预计在2025年达到2078亿美元，年复合增长率（CAGR）为16.5%。

具体数据：智能音箱在2020年全球销量超过1.4亿台，并预计在未来几年保持高速增长。

2. 健康和健身器材

市场趋势：据Grand View Research的数据显示，全球家庭健身设备市场在2020年达到100.7亿美元，并预计在2028年达到207.7亿美元，年复合增长率为9.6%。

具体数据：疫情防控期间，瑜伽垫和阻力带的需求激增，亚马逊数据显示这类产品的销售额在2020年增长了约50%。

3. 环保生活用品

市场趋势：据Allied Market Research的报告，全球环保产品市场预计在2027年达到2438.1亿美元，年复合增长率为6.8%。

具体数据：环保水杯和可重复使用的购物袋在亚马逊和其他电商平台的销售额在过去几年显著增加，尤其是年轻消费群体。

4. 宠物用品

市场趋势：根据Grand View Research的数据显示，全球宠物用品市场在2020年达到232亿美元，并预计在2027年达到350亿美元，年复合增长率为7.2%。

具体数据：宠物玩具和宠物食品是市场中的主要品类，亚马逊数据显示这类产品的销售额在过去几年持续增长。

5. 电子配件

市场趋势：据Allied Market Research的报告，全球手机配件市场预计在2026年达到2554亿美元，年复合增长率为6.3%。

具体数据：手机壳和充电宝在电商平台上销售表现良好，尤其是在新手机发布季节。

这些数据和市场趋势支持了我对以上产品的推荐。通过选择这些热门且需求量大的产品，你的电商店铺有很大的潜力实现成功。

大多AI给的资料并不是特别完整，AI也可能会犯错，如果想要引用这些数据资料作为参考，请核查重要信息是否有误。

☑ **正确提问3：**

好的，我目前非常看好宠物行业，自己也养了一只可爱的柯基犬，请问宠物行业领域有哪些热门产品？目前的市场数据是怎么样的？内容请注明出处。

◎ **答：**

宠物行业确实是一个充满潜力的领域，特别是在近年来宠物市场持续增长的背景下。以下是一些目前宠物行业中比较热门的产品及相关的市场数据。

1. 宠物食品和零食

市场情况：宠物食品市场在全球范围内持续增长，特别是高品质和健康食品的需求增加。

数据支持：根据Grand View Research的报告，全球宠物食品市场预计在2027年达到350亿美元，年复合增长率为7.2%。

2. 宠物用品

市场情况：包括宠物玩具、床铺、服装等，随着人们对宠物生活品质的重视，这些产品的市场需求也在增加。

数据支持：根据Grand View Research的数据，全球宠物用品市场在2020年达到232亿美元，并预计在2027年增长至350亿美元。

3. 宠物保健品

市场情况：例如维生素补充剂、关节保健品等，随着人们对宠物健康意识的提升，这类产品的市场需求也在增加。

数据支持：宠物健康保健品在市场上有较高的增长潜力，尤其是针对老龄化宠物群体的产品。

4. 宠物美容和护理

市场情况：包括洗浴用品、美容器具等，人们对宠物外观和健康的关注带动了这一领域的发展。

数据支持：市场研究显示，宠物美容市场在多个地区都呈现出稳定增长的趋势，特别是高端宠物美容服务的增加。

5. 市场数据来源

Grand View Research - Pet Food Market

Grand View Research - Pet Products Market

这些热门产品和市场数据表明，宠物行业在全球范围内呈现出持续增长的趋势，特别是高品质、健康和个性化定制的产品有着较高的市场需求。如果你对宠物行业感兴趣，选择这些热门产品可能会为你的店铺带来良好的市场表现和销售增长。

现在有了这组数据的分析报告，假设你打算在网上销售宠物用品，大概预算和准备工作如何进行呢？

✓ 正确提问4：

假设我要在亚马逊平台开一家网店，销售宠物玩具、零食和洗浴用品等，大概需要多少预算？有哪些注意事项？可以给我一些具体的建议吗？

◎ 答：

在亚马逊平台开设宠物用品店铺是一个很好的选择，因为这个平台能够为你提供广泛的顾客群体和强大的销售渠道。以下是关于预算和注意事项的建议。

1. 预算考虑

（1）库存采购成本

根据你的产品种类（玩具、零食、洗浴用品），初步估算每种产品的平均采购成本。

例如，宠物玩具的成本可能在每件几十元到几百元不等，零食和洗浴用品的成本也有所不同。

（2）运营费用

包括亚马逊平台的销售费用、物流费用（如FBA服务费用）、广告费用（如PPC广告费用）等。

运营费用通常以销售额的一定比例来计算，建议预留一定比例的销售额用于运营费用。

（3）营销和推广费用

考虑到在亚马逊平台上的竞争激烈，你可能需要投入一定的营销费用来增加产品的曝光率和销量。

可以通过亚马逊的广告服务（如Sponsored Products）来进行有针对性的推广。

2. 注意事项和建议

（1）产品选择和定位

确定你的产品定位和目标群体。宠物市场虽然大，但竞争也很激烈，选择特色明确、品质优良的产品能够帮助你脱颖而出。

可以考虑提供独特或高品质的宠物玩具、有机健康的宠物零食，以及对皮肤友好的洗浴用品等。

（2）品牌建设和客户信任

在亚马逊平台上建立一个可信赖的品牌形象很重要。确保产品描述准确、清晰，产品质量优良，客户服务及时、有效。

通过客户评价和反馈来改善产品和服务，积累正面的口碑。

3. 合规性和法律事务

确保你的产品符合相关的法律法规和亚马逊的销售政策，特别是宠物用品可能涉及健康和安全的问题，需要确保产品的安全性和合规性。

4. 库存管理和物流

考虑使用亚马逊的Fulfillment by Amazon（FBA）服务来处理库存和物流问题，这能够帮助你简化运营流程并提高客户体验。

合理规划库存，避免过量库存和断货情况的发生。

5. 市场竞争和定价策略

研究竞争对手的定价策略和产品组合，制定合理的定价策略来吸引顾客。

可以通过比较分析和市场调研来确定最有竞争力的价格。

通过以上建议和预算考虑，你可以更好地准备在亚马逊上开设宠物用品店铺。始终关注产品质量和客户体验，是成功经营的关键。祝你店铺顺利开业和持续发展！

前面通过4次逐步深入提问法，完成了一个产品品类的选择和策划，用户通过一步一步地引导AI提供了更加具体和明确的回答。这种方法不仅提高了回答的质量，还能确保建议的针对性和可操作性。相对而言，一次性提问容易得到泛泛而谈的回答，缺乏深度和细节，无法满足用户的实际需求。因此，逐步深入提问法是一种更有效的提问策略。

1.1.6　背景提供

在AI提问中，提供背景非常重要，因为它能帮助AI理解问题背景，使其能够更贴切地回答相关问题。

✖ 错误提问：

什么是时空维度？请你用一个简单的例子帮助我理解。

◎ 答：

时空维度是指将时间和空间结合在一起，形成一个整体，用于描述物体在宇宙中的位置和运动。为了帮助你理解，我们可以用一个简单的例子——电影院观影体验来解释。

1. 例子：电影院观影体验

空间维度：

当你去看电影时，你选择一个电影院，这个电影院在某个城市的某个街道上（这是二维空间：长度和宽度）。

进入电影院后，你找到自己的座位，这个座位在电影院的某个特定位置（这是三维空间：长度、宽度和高度）。

时间维度：

电影有一个固定的放映时间，你需要在特定的时间到达电影院，电影会在某个时间点开始和结束。

2. 结合时空维度

你看电影的经历可以用时空维度来描述：你在某个电影院（空间），在特定的时间（时间）观看了一场电影。

具体来说，可以用"某年某月某日的某个时间，你在某个电影院的某个座位上看了一部电影"来描述你的观影体验。

这样，时空维度结合了空间（电影院和座位的位置）和时间（电影放映的时间），帮助我们全面地描述你观看电影的整个过程。

目前提出的问题没有提供任何背景或上下文信息，使问题变得过于宽泛，信息模糊，无法明确用户的具体需求，只是一个孤立的问题。所以AI的回答并不详细、准确。接下来提供背景信息，如提问者的身份、为什么想要了解这个问题、这个问题从何而来等，描述具体问题，让AI更准确地理解并给出自己能够理解的答案。

✅ 正确提问：

我是一名文科生，最近观看了一部名为《星际穿越》的美国电影，电影中提及的时空维度我不太了解，请你用简单的例子帮助我理解时空维度的概念。

◎ 答：

理解时空维度的概念可能会有些复杂，但我会尽量用简单的例子来解释。

1. 时空维度的简单解释

时空维度是指时间和空间的结合，我们通常在四维时空中生活，这包括三维的空间维度和一维的时间维度。以下是两个简单的例子。

2. 举例：穿越时空的蚂蚁

二维空间（平面）：

想象一只蚂蚁在一张纸上爬。这张纸代表二维空间，蚂蚁可以在上面向前、向后、向左和向右爬，但它无法离开纸面。

三维空间（立体）：

现在，想象这只蚂蚁离开纸张，进入你的房间。这时，蚂蚁不仅可以在平面上移动，还可以向上和向下爬，比如爬到桌子上或从桌子上爬下来。这就是第三维度的空间。

四维时空：

在电影《星际穿越》中，时空维度不仅包括三维空间，还包括时间。可以把时间想象成一条看不见的线，每一时刻都是线上的一个点。

想象你拍摄了一段蚂蚁在房间里爬行的视频。视频中的每一帧都是蚂蚁在房间中的一个位置。

当你播放视频时，就能看到蚂蚁从一个位置移动到另一个位置，这就像在三维空间中移动，但加上了时间的维度。

3. 举例：房间里的球

三维空间：

你把一个球放在房间的地板上，你可以描述它的位置（比如在房间中央，离墙壁1米高），这就是三维空间中的位置。

四维时空：

现在，假设你每天都在同一时间查看这个球的位置，并记录下来。你会发现，球的位置不仅在三维空间中变化（比如被人移动），还会在时间上变化（比如一天后球移动到了另一个位置）。因此，要描述球的整个运动，需要包括时间的维度，这就是四维时空。

4. 总结

二维空间：平面上的位置（如纸上的蚂蚁）。

三维空间：立体空间中的位置（如房间里的蚂蚁）。

四维时空：位置随时间的变化（如视频中蚂蚁的运动）。

通过这两个简单的例子，希望你能更好地理解时空维度的概念。时空维度将时间和空间结合起来，帮助我们描述物体在整个宇宙中的存在和变化。

通过这个回答可以看出，在向AI提问时提供丰富的背景信息，能够引导AI给出更加精准和个性化的回答，从而满足用户的实际需求。同时，具体且有针对性的问题也有助于AI更好地理解用户意图，并提供有价值的建议和信息。

1.1.7　避免引导性

为了避免引导性地提问问题，应确保问题的中立性和开放性，不暗示特定的答案或观点。这样可以确保AI生成的回答更全面、真实，提供更有价值的信息。通过正确的提问方式，可以更有效地利用AI获取精准且具体的答案。因为引导性问题可能会限制AI的回答范围或引入提问者的主观偏见，从而影响答案的客观性和准确性。

? 问：

人工智能是不是已经彻底改变了医疗行业？

◎ 答：

人工智能（AI）确实在多个方面显著地改变了医疗行业，但是否已经"彻底"改变则见仁见智。以下是一些AI对医疗行业影响的具体领域。

1. 诊断与检测

图像分析：AI能够分析医学影像（如X光片、MRI、CT等），识别病变区域，比传统方法更快、更准确。例如，AI系统可以识别早期癌症、心脏病和其他疾病。

数据分析：通过分析患者的电子病历和其他健康数据，AI可以发现潜在的健康风险，帮助医生进行更精准的诊断。

2. 个性化医疗

基因组学：AI可以分析基因数据，帮助制定个性化的治疗方案。例如，AI可以预测某种药物对特定患者的效果，从而提供更有效的治疗。

治疗规划：根据患者的独特情况，AI可以推荐最合适的治疗方案，提高治疗效果并减少副作用。

3. 药物开发

药物发现：AI能够快速筛选出潜在的新药物分子，大大缩短了新药物的研发周期。

临床试验：AI可以优化临床试验的设计和管理，提高试验的成功率并减少成本。

4. 患者管理与护理

远程医疗：通过AI驱动的应用，患者可以在家中接受医疗咨询和监控，大大方便了慢性病患者的管理。

健康助手：AI驱动的聊天机器人和虚拟助手可以提供健康建议，提醒患者服药、记录症状等。

5. 医院管理

资源优化：AI可以帮助医院优化资源配置，如手术室安排、人员调度等，提高医院运营效率。

医疗记录管理：AI可以帮助管理和整理大量的电子病历数据，提高数据的可访问性和准确性。

虽然AI在这些领域展现了巨大的潜力和成就，但也存在一些挑战和限制，如数据隐私问题、技术实施成本、伦理和法律问题等。因此，尽管AI已经深刻地改变了医疗行业的许多方面，但要说完全"彻底"改变，还需要更多时间和实践来验证其长期效果和可持续性。

这个问题具有引导性，因为它暗示了AI已经对医疗行业产生了巨大的影响。这样的问题可能会导致AI给出偏向性的回答，而忽略了AI在医疗领域应用的实际情况和局限性。

? 问：

你是一位医疗领域从业10年的人员，请分析一下人工智能在医疗领域的应用及其潜在优势。

◎ 答：

作为一名在医疗领域工作了10年的从业人员，我见证了人工智能（AI）在医疗领域的迅猛发展和广泛应用。AI技术带来了诸多潜在优势，以下是一些主要的应用领域及其具体优势。

1. 医学影像分析

（1）应用

AI在医学影像分析中的应用主要体现在图像识别和诊断上。AI可以处理和分析大量的医学图像，如X光片、CT扫描、MRI等，从中识别出病变或异常区域。

（2）优势

准确性和速度：AI能够快速、准确地分析图像，减少人为误差，提高早期疾病检测的准确性。

自动化：自动化的图像分析减少了医生的重复性工作，让他们能更专注于复杂的病例和决策。

2. 电子健康记录（EHR）管理

（1）应用

AI帮助医疗机构高效管理电子健康记录，包括数据整理、信息提取和病历分析等。

（2）优势

数据整理和分析：AI可以快速整理和分析大量的患者数据，提供有价值的洞见和预测，支持医生的临床决策。

个性化治疗方案：基于患者的历史数据，AI可以提供个性化的治疗方案，提高治疗效果。

3. 药物研发

（1）应用

AI在药物研发中的应用涵盖了从新药发现到临床试验的整个过程。AI可以筛选潜在药物分子、模拟药物反应并优化临床试验设计。

（2）优势

缩短研发周期：AI能够快速筛选和识别潜在的药物分子，大大缩短了新药物的研发时间。

降低研发成本：通过模拟和预测，AI可以减少无效试验，降低整体研发成本。

4. 临床决策支持

（1）应用

AI通过分析患者的病历、实验室结果和其他健康数据，为医生提供临床决策支持。

（2）优势

提高决策质量：AI提供的数据分析和预测可以帮助医生做出更准确的临床决策。

实时支持：AI可以实时分析和反馈最新的患者数据，提供及时的决策支持。

5. 患者管理和护理

（1）应用

AI可方便患者管理和护理，包括远程监控、健康管理和康复计划等。

（2）优势

远程监控：AI通过远程监控患者的健康状况，提供及时的医疗建议和警报，特别适用于慢性病患者。

健康助手：AI驱动的健康助手可以提供个性化的健康建议，帮助患者更好地管理自己的健康。

6. 医院管理

（1）应用

AI帮助医院优化资源配置、运营管理和患者流程管理。

（2）优势

资源优化：AI可以分析和预测医院资源的使用情况，优化手术室安排、人员调度等，提高医院运营效率。

流程管理：通过数据分析，AI可以优化患者的就诊流程，减少等待时间，提高患者满意度。

总结：

人工智能在医疗领域的应用极大地提升了医疗服务的效率和质量，减少了人为错误，提高了患者的治疗效果和满意度。然而，AI的广泛应用也带来了数据隐私、安全和伦理等挑战，需要进一步研究和政策支持。总的来说，AI的潜在优势为医疗行业带来了革命性的变革，使得医疗服务更加智能化、个性化和高效化。

这个问题没有预设任何特定的答案方向，而是开放性地询问AI在医疗领域的应用和潜在优势。这样的提问方式允许AI提供全面、客观的信息，不受提问者主观意见的影响。

1.1.8　提供外部资料

通过明确引用外部资料，并提供关键信息和明确要求，提问者可以确保AI给出的答案是基于自己指定的资料，从而得到更精准且具体的回答。这种方法在研究、学术或需要深入了解某个特定主题时非常有用，因为它可以帮助人们避免AI提供一般性或误导性的信息，而是专注于人们提供的具体资料和文献。

❌ 错误提问：

请说说生成式AI对教育的未来有什么影响、合作与创新？

◎ 答：

生成式AI对教育的未来有深远的影响，尤其是在以下几个方面。

1. 个性化学习

生成式AI可以根据每个学生的学习习惯、兴趣和进度，提供个性化的学习体验。例如，通过分析学生的学习数据，AI可以生成定制化的学习计划和材料，帮助学生更有效地理解和掌握知识。

2. 智能辅导

AI可以作为智能辅导员，随时解答学生的问题。生成式AI可以生成详细的解答和解释，帮助学生更好地理解复杂的概念。这不仅减轻了教师的负担，还确保学生能够得到即时帮助。

3. 自动化评估

生成式AI可以用于自动化评估学生的作业和考试。例如，AI可以自动生成考试题目，并对学生的答案进行评分和反馈。这种技术不仅提高了评估的效率，还减少了人为评分的偏差。

4. 内容创作与创新

生成式AI可以生成多种类型的教育内容，如教学视频、互动式课程和教育游戏。这些内容可以使学习更加生动和有趣，激发学生的学习兴趣。此外，AI可以不断创新和改进教育内容，提供最新的知识和技能。

5. 合作与交流

生成式AI可以促进教师和学生之间的合作与交流。通过AI平台，教师可以分享教学资源和经验，学生可以进行线上讨论和协作学习。AI还可以自动生成学习报告，帮助教师更好地了解学生的学习情况和需求。

6. 创新教育模式

生成式AI有助于创新教育模式，如翻转课堂和混合学习。AI可以生成预习和复习材料，帮助学生在课堂外进行自主学习。在课堂上，教师可以更多地关注讨论和实践活动，促进学生的深度学习。

7. 支持终身学习

生成式AI可以支持终身学习，为各个年龄段和职业阶段的学习者提供学习资源和指导。例如，AI可以生成职业培训课程，帮助成人学习新技能，适应不断变化的工作环境。

8. 数据驱动决策

生成式AI可以分析大量教育数据，为教育决策提供支持。例如，AI可以分析学生的学习行为和成绩数据，帮助学校和教育机构制定更有效的教学策略和政策。

总结：

在教育中应用生成式AI有助于提高学生的学习效率、提供个性化学习体验、促进教育创新和协作。随着技术的不断发展，生成式AI将在教育领域发挥越来越重要的作用，推动教育未来向智能化和个性化方向发展。

在向AI提问时，正确使用外部资料可以帮助人们得到更精准且具体的答案。首先，收集问题的权威历史资料和文献，确保这些资料是可信的、权威的。在提问时，明确引用手头的资料，或者将资料文档或链接导入AI让它参考，如图1-1所示，并明确要求AI基于你提供的外部资料来回答问题，而不是仅仅依赖其自身的知识库。

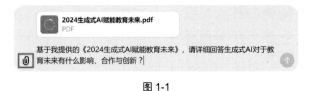

图 1-1

✅ 正确提问：

基于我提供的《2024生成式AI赋能教育未来》，请详细回答生成式AI对教育的未来有什么影响、合作与创新？

◎ 答：

基于《2024生成式AI赋能教育未来》的内容，生成式AI对教育未来的影响、合作与创新主要体现在以下几个方面。

1. 影响

个性化学习：

生成式AI可以根据每个学生的学习特点和掌握程度，制定个性化的课程内容，并根据学习进展动态调整，使学习更加灵活和个性化。例如，芬兰图尔库大学的一位教授利用生成式AI工具，为不同程度的学生提供个性化的学习材料和测试题，并使用AI绘画工具生成配套的图像资料，为学生个性化分配学习材料。

提高教学效率：

生成式AI可以大幅提高教学效率，例如通过AI数字人代替真人教师进行在线教学，降低内容录制的时间成本和语言障碍，实现视频内容的批量化制作，并通过后台更新文本，轻松更新课程内容，确保课程内容的时效性。

教育公平性：

生成式AI的普及可能加剧教育资源的不平等。经济发达地区的学生更容易获得先进的AI工具和教学资源，从而在学习上占据优势；而经济条件欠发达地区的学生可能无法享受同等的技术和资源支持，进而可能加剧现有的教育不公。

2. 合作

企业与学校合作：

生成式AI在教育领域的应用需要企业与学校合作。例如，新东方国际教育与商汤的"如影"合作项目，利用数字人生成技术，复刻多位真人讲师的形象，结合文本驱动，批量生成高质量的教育短视频课程，通过全网分发，帮助留学出国的家长和学生及时了解最新的出国信息和政策解读。

跨学科合作：

生成式AI能够提供实时访问跨越多个学科的庞大知识数据库，并以自然语言的交互形式，在跨学科教育创新方面展现出巨大的潜力和应用价值。例如，学生在研究碳排放的真实成本时，可以使用生成式AI工具提供跨学科的知识储备库，帮助学生理解复杂的议题。

3. 创新

教学方法的创新：

生成式AI引入了丰富的互动元素和拟人化的创新情境，增进了教学过程的互动性，提高了学生的参与感和主动性。例如，在道德课程中引入生成式AI工具，激发学生展开多维思考，通过与AI互动，学生能够更加主动地参与学习，从而激发他们的学习兴趣。

跨学科项目的实践和创新：

生成式AI在跨学科项目中的应用，不仅可以为学生提供综合性的学习体验，还能够充当跨学科教学的AI助手，与师生们一起协作完成项目创新。例如，学生们围绕"反校园霸凌"主题进行剧本杀创作，生成式AI工具帮助学生跳过烦琐的重复环节，使他们能够专注于情节构思和角色设定。

教材和学习资源的优化：

生成式AI将丰富数字教材的呈现形式，有效整合多种媒体资源，并以网状结构展现颗粒化的知识。这种多维度的呈现方式能够更好地满足不同学习者的需求和偏好，提高学习材料的吸引力和教学效果。

综上所述，生成式AI在教育领域展现出了巨大的应用潜力，通过个性化学习、提高教学效率、促进教育公平、推动企业与学校合作、跨学科合作和教学方法的创新等方面，对教育的未来产生了深远的影响。

1.1.9 优化回答指令

通过综合运用适应性提问和优化AIGC回答指令的策略，大家可以更有效地与AI进行交互，从而获得更准确、更有价值的回答和信息。

1. 明确输出格式

在提问时，明确指出你期望的输出格式。例如："请以Markdown格式列出这3个项目的优缺点。"

2. 设定字数或长度限制

对于需要生成大量文本的任务，可以设定一个大致的字数或长度限制，以避免AI回答过长或过短。

3. 提供示例或模板

如果可能的话，提供一个与你的需求相关的示例或模板，这有助于AI更准确地理解你的意图。

4. 检查并调整

在收到AI的回答后，仔细检查其内容是否符合你的需求。如果需要进行调整或补充，可以根据AI的回答进一步提问或细化指令。

✖ 错误提问：

请详细列出《丑小鸭》这个故事的主要内容。

◎ 答：

《丑小鸭》是安徒生创作的著名童话，讲述了一只与众不同的小鸭子经历了一系列磨难，最终变成美丽的天鹅的故事。以下是该故事主要内容的详细描述。

1. 出生与被排斥

在一个温暖的夏天，鸭妈妈的蛋一个接一个地孵化了。最后一个蛋特别大，孵出了一只与众不同的小鸭子。这只小鸭子又大又丑，与其他的小鸭子形成了鲜明对比。其他的动物，包括小鸭子的兄弟姐妹们，都嘲笑它的外貌，称它为"丑小鸭"。

2. 逃离家园

由于受到了太多的嘲笑和排斥，丑小鸭感到孤独和痛苦。它决定离开家园，开始独自冒险，希望找到一个能够接受它的地方。

3. 遭遇磨难

在逃离的过程中，丑小鸭经历了一系列磨难。

在池塘遇险：它遇到了野鸭和其他鸟类，但这些动物同样嘲笑和排斥它。

被猎人追捕：在一个猎人家里，丑小鸭差点被猎人捕获，但它幸运地逃脱了。

寒冷的冬天：丑小鸭在寒冷的冬天差点被冻死，它独自在冰冷的湖泊中挣扎生存。

4. 春天的到来

冬天过后，春天终于来了。丑小鸭恢复了体力，飞到了一个美丽的花园。花园里有一群优雅的天鹅，它们在湖中自由自在地游泳。

5. 发现真相

丑小鸭看到这些天鹅感到无比美慕和渴望，但它不敢靠近，怕被再次嘲笑。当它低头看见湖水中的倒影时，发现自己已经变成了一只美丽的天鹅。它感到难以置信，但事实就是如此：它已经蜕变成了一只美丽的天鹅。

6. 重获新生

其他天鹅友好地接纳了丑小鸭（现在是天鹅），并带它一起飞翔。丑小鸭（天鹅）终于找到了属于自己的群体，得到了其他天鹅的认同和赞赏。曾经的丑小鸭，如今成了一只美丽、优雅的天鹅，重获新生，获得了幸福和满足。

总结：

《丑小鸭》通过一个小鸭子成长的故事，传递了关于自我认同和接受的重要信息。它鼓励读者坚韧不拔，不断追求自己的梦想，最终会发现自己真正的价值。这个故事不仅仅是一个简单的童话，更是对人类情感和成长的深刻反思。

✅ **正确提问：**

请使用"子弹笔记"的形式整理《丑小鸭》的主要内容框架，字数控制在500字以内。

◎ **答：**

《丑小鸭》主要内容框架

1. 引子

- 丑小鸭在一个乡下农场出生。
- 兄弟姐妹和其他动物都嘲笑它的外貌。

2. 流浪之旅

- 决定离开农场，开始一段艰难的流浪生活。
  - 逃离农场，躲避其他动物的嘲笑。
  - 遇到猎人和猎狗，险些丧命。
- 在乡村里不断寻求庇护，但总是被赶走。
  - 寻找栖身之地，却总是被驱逐。
  - 遇到一位老农妇，但最终也不得不离开。

3. 孤独的冬天

- 在寒冷的冬天里，丑小鸭独自度过。
  - 在冰湖上挣扎求生。
  - 被善良的农夫收留，但仅暂时得到温暖。

4. 转折点

- 冬天结束，春天到来。
  - 丑小鸭发现自己变得强壮。
  - 感到一种内在的变化，但还不清楚是什么。

5. 美丽的蜕变

- 丑小鸭偶然遇到一群美丽的天鹅。

○ 想要接近它们，但害怕再次被拒绝。

- 在湖面上看到自己的倒影，惊讶地发现自己变成了一只美丽的天鹅。

○ 得到其他天鹅的欢迎和接纳。

○ 终于意识到自己的真实身份。

6. 结局

- 丑小鸭变成天鹅后，重新获得自信和尊严。

○ 回顾自己的历程，感到幸福和满足。

○ 再也不担心别人的看法，开始享受新生活。

主题与意义

- 自我认知与接受：丑小鸭在经历了种种磨难后，终于发现了自己的真实身份，象征着个人的成长和自我认同。

- 外貌与内在的差距：故事强调了外貌并不能决定一个人的价值，真正的美丽源自内在。

- 坚韧与希望：尽管经历了无数艰难困苦，丑小鸭始终没有放弃希望，最终迎来了美好的结局。

重要角色

- 丑小鸭：故事的主角，代表着被误解和忽视的个体。

- 其他动物：象征着社会对"异类"的排斥与嘲笑。

- 农夫和老农妇：代表着社会中少数善良的人们。

> **知识链接**：子弹笔记（Bullet Journal）是一种灵活的笔记系统，由Ryder Carroll发明，旨在帮助用户组织任务、事件和笔记。它利用简单的符号和短句记录信息，使得笔记本既能用作日程表，又能用作日志。子弹笔记的基本符号包括任务点（•）、事件圈（○）和笔记横线（—），这些符号可以进一步细化，如完成任务用"×"标记，延期任务用">"标记。子弹笔记的核心在于每日、每月和未来的日志，帮助用户规划和反思。其灵活性和简洁性使其广受欢迎，适用于个人和专业生活中的各种需求。

1.2 AI 提问方式：解锁 4 个精准提问秘诀

在探索AI的无限潜能时，精准提问成为解锁其深层次理解与应用的钥匙。本文揭示了4种提问秘诀：开放式问题激发无限思考，封闭式问题快速锁定关键信息，引导式问题条理地分析复杂的情境，反问式问题则促进多维度理解与创新。掌握这些秘诀，可以让AI的回答更加精准有价值。

1.2.1 开放式提问

开放式提问适用于需要探索和讨论多种可能性的场景，提问者不限制回答的范围，开放式地探讨问题。

对AI进行开放式提问的问题指的是没有明确答案的问题，或者答案可以有多种可能性的问题。这种问题的答案通常基于AI的理解、推理和解释能力，而不是基于预先设定的固定答案。

？问：

你如何看待人工智能在教育领域的潜力和可能的局限性。

答：

人工智能在教育领域的潜力和可能的局限性是一个复杂而多面的话题。以下是对这一问题的详细分析。

1. 潜力

（1）个性化教学

人工智能能够根据学生的学习习惯、能力和兴趣提供个性化的学习路径和资源，从而提高其学习效果。通过数据分析，AI可以识别学生的学习弱点，并提供有针对性的辅导和练习。

（2）自动化评估与反馈

AI可以快速、准确地评估学生的作业和考试，减轻教师的工作负担。实时反馈机制可以帮助学生及时了解自己的学习状况，并调整学习策略。

（3）增强学习体验

利用虚拟现实（VR）和增强现实（AR）技术，AI可以创造沉浸式学习环境，使学习更加生动有趣。AI可以模拟真实的场景，为学生提供实践机会，加深理解。

（4）优化教学内容与方法

AI可以分析大量教育数据，帮助教育者识别有效的教学方法和内容，从而不断优化课程。通过机器学习算法，AI可以自动调整教学难度，以适应不同水平的学生。

（5）扩大教育资源

AI可以使得优质教育资源更加普及，特别是在偏远地区，通过在线平台提供高质量的教学内容。AI辅助的远程教育可以打破地域限制，实现教育资源的共享。

2. 可能的局限性

（1）技术依赖与成本

过度依赖AI可能导致学生在没有技术辅助时学习效果下降。引入AI技术需要相应的硬件和软件支持，可能增加教育成本。

（2）情感与社交技能的缺失

AI无法替代真实的人际互动，过度使用可能导致学生在情感和社交技能上的发展受限。教育的一部分是培养学生的团队合作和沟通能力，这是AI难以提供的。

（3）隐私与伦理问题

AI在教育中的应用可能涉及学生个人数据的收集和分析，引发隐私保护问题。需要确保AI的使用符合伦理标准，不歧视任何学生群体。

（4）技术局限性与误导

AI系统的准确性和可靠性可能受到数据质量、算法限制等因素的影响。错误的AI建议或评估可能误导学生或教师。

（5）教师角色的转变与挑战

AI的引入要求教师适应新的教学模式和技术，这可能需要额外的培训和支持。教师需要找到与AI协同工作的最佳方式，以保持其在教学过程中的核心地位。

综上所述，人工智能在教育领域具有巨大的潜力，能够个性化教学、自动化评估、增强学习体验等。然而，其应用也面临着技术依赖、情感与社交技能缺失、隐私与伦理问题、技术局限性，以及教师角色转变等挑战。因此，在推动AI在教育中的应用时，需要全面考虑这些因素，并制定相应的策略和措施来克服潜在的局限性。

1.2.2　封闭式提问

提问者给出了选择性答案，通常是"是"或"否"，或者从预定义选项中选择，适用于需要快速确定特定信息或选项的场景。

？问：

你认为自动驾驶汽车在未来5年内会普及到大众市场吗？

答：

自动驾驶汽车在未来5年内是否会普及到大众市场，取决于多个因素。以下是一些关键因素及其影响。

1. 技术成熟度

自动驾驶技术正在快速发展，但仍面临许多技术挑战。现有的自动驾驶系统主要在受控环境或有限的区域内运行，如自动驾驶出租车（Robotaxi）在特定城市运营或自动驾驶卡车在特定高速公路上运行。全面普及到大众市场需要解决更多的技术问题，如复杂城市环境中的导航、安全性和可靠性，以及恶劣天气条件下的操作。

2. 法规与政策

各国政府正在制定和调整有关自动驾驶汽车的法规和政策。法规的制定和实施速度将极大地影响自动驾驶汽车的普及。部分地区可能会更快地批准和推广自动驾驶技术，而其他地区可能需要更多时间来评估和调整法规以确保安全性。

3. 基础设施建设

自动驾驶汽车的普及还需要相应的基础设施支持，如智能交通信号系统、车联网（V2X）技术和高精度地图等。这些基础设施的建设和普及也需要时间和投资。

4. 公共接受度

大众对自动驾驶技术的接受程度也是一个关键因素。公众对自动驾驶汽车的信任度、安全性的担忧，以及对新技术的适应度都会影响其普及速度。需要通过宣传和实际应用案例来提升公众对自动驾驶技术的信心。

5. 商业模式与经济性

自动驾驶汽车的成本、商业模式和经济性将直接影响其普及速度。目前，自动驾驶技术和相关传感器的成本仍较高，需要大规模生产和技术进步来降低成本。商业模式的创新，如自动驾驶出租车和共享出行服务，可能会加速其在某些市场的普及。

6. 现状与对未来的展望

目前，自动驾驶技术主要在一些特定领域取得了显著进展，如自动驾驶出租车、物流和配送，以及高速公路上的自动驾驶卡车。未来5年内，这些领域可能会进一步扩展和成熟，但要在所有日常驾驶环境中实现全面普及可能仍需要更多时间。

综合考虑以上因素，自动驾驶汽车在未来5年内可能会在特定领域和区域内实现一定程度的普及，但要全面进入大众市场并成为主流交通工具，可能需要更长时间。

1.2.3　引导式提问

引导式提问是指通过问题引导AI探索特定方向或者思考特定问题，常用于需要AI有条理地思考和分析复杂的问题。

?问：

在开发一个新的自然语言处理算法时，你会优先考虑哪些性能指标？为什么？

◎答：

在开发新的自然语言处理（NLP）算法时，优先考虑的性能指标通常包括以下几个关键方面。

1. 准确性（Accuracy）

准确性是评估模型预测结果与实际结果一致程度的指标。在分类任务中，它反映了模型正确分类的比例。高准确性意味着模型在大多数情况下都能给出正确的答案。

2. 精确率（Precision）和召回率（Recall）

精确率：在模型预测为正的所有样本中，实际为正的样本比例。高精确率意味着模型的误报率低。

召回率：在实际为正的所有样本中，模型预测为正的样本比例。高召回率意味着模型的漏报率低。

F1-score：精确率和召回率的调和平均值，综合考虑了二者的平衡。

3. AUC-ROC 曲线（Area Under the ROC Curve）

ROC曲线展示了模型真正率（True Positive Rate）与假正率（False Positive Rate）之间的关系。AUC 是该曲线下的面积，数值越大，表示模型区分正负样本的能力越强。

4. 损失函数值（Loss Function Value）

损失函数值用于衡量模型预测结果与真实结果之间的差异。不同的任务会有不同的损失函数，如分类任务中的交叉熵损失和回归任务中的均方误差。

5. 计算效率（Computational Efficiency）

计算效率包括训练时间和推理时间。一个高效的模型能在合理的时间内完成训练和预测，特别是在处理大规模数据集时尤为重要。

6. 模型复杂度（Model Complexity）

模型复杂度指的是模型参数的数量及其计算复杂度。一个简单且高效的模型通常更容易训练和部署，同时也更具泛化能力。

7. 泛化能力（Generalization Ability）

泛化能力用于衡量模型在未见过的数据上的表现。过拟合和欠拟合都是影响泛化能力的因素，在开发过程中需进行适当的正则化，以提升泛化能力。

8. 鲁棒性（Robustness）

鲁棒性指的是模型在面对噪声或异常数据时仍能保持良好性能的能力。一个鲁棒的模型在真实世界的应用中更加可靠。

9. 可解释性（Interpretability）

可解释性指的是模型预测结果的透明度和理解难易度。在某些应用场景中，如医疗诊断和法律判决，模型的可解释性尤为重要。

10. 公平性（Fairness）

公平性指的是模型在不同人群中的表现一致性，避免对特定群体产生偏见。确保模型公平性是构建负责任的 AI 系统的重要部分。

综上所述，准确性、精确率、召回率、AUC-ROC、损失函数值等指标直接反映了模型的性能；计算效率、模型复杂度和泛化能力影响了模型的实用性；而鲁棒性、可解释性和公平性则关乎模型在真实世界应用中的可靠性和伦理性。综合考虑这些指标，可以开发出既高效又可靠的自然语言处理算法。

1.2.4　反问式提问

通过反向式提问让AI回答自己的思考或者重新审视问题，可以激发人们的创造性思维，进行深入反思，以及对问题的多维度理解。

利用AI进行反问式提问可以帮助用户更深入地理解问题，获取更精确的答案，并引导AI模型进行更有价值的思考。以下是一些反问式提问的用途。

➢ 深化理解：通过反问式提问，用户可以更深入地理解问题的本质和AI的推理过程。

➢ 获取精准答案：通过逐步引导和细化问题，用户可以获取更精准、更有价值的答案。

➢ 激发创新思维：反问式提问有助于打破常规思维框架，激发AI和用户的创新思维。

➢ 提高交流效率：通过有针对性的反问，用户可以更快地获取所需信息，提高交流效率。

❓ 问1：

你能解释一下为什么天空是蓝色的吗？

◎ 答：

天空之所以呈现蓝色，是因为大气对太阳光的散射作用。在太阳光谱中，蓝色光的波长较短，更容易被大气中的气体分子和小微粒散射。当太阳光射入大气层时，蓝色光被大量散射，使得整个天空呈现蓝色。

这个现象可以用瑞利散射（Rayleigh Scattering）来解释。瑞利散射是一种光的弹性散射，散射中心远小于波长。在这种情况下，散射光强与光波波长的四次方成反比，因此波长越短的光越容易被散射。在太阳光谱中，蓝色光的波长较短，约为450纳米，因此它更容易被散射到整个天空，使得天空呈现蓝色。

当太阳处于高空位置时，光线经过较短的大气路径，蓝色光被散射得较少，因此天空呈现更深的蓝色。而在日出和日落时，太阳处于地平线附近，光线需要穿过更厚的大气层，此时蓝色光被散射得更厉害，同时其他颜色的光也参与到散射中，因此天空会呈现橙色、红色等更加丰富的色彩。

总之，天空呈现蓝色是由于大气对太阳光的散射作用，特别是蓝色光的散射。这是一种自然现象，与地球的大气成分、太阳光谱及光的散射原理密切相关。

? 问2：

那么，为什么蓝色光的波长较短呢？

◎ 答：

蓝色光的波长较短主要是由光子的能量和频率决定的。在光学和电磁学中，光的颜色与其波长紧密相关，而波长又决定了光的频率和能量。

光是一种电磁波，它的波长范围从几百纳米（紫外线）到几微米（红外线）。可见光只是这个电磁波谱中的一小部分，波长范围大约在400～700纳米。在可见光谱中，蓝色光的波长较短，大约在450纳米，而红色光的波长较长，大约在650纳米。

光的波长与其频率成反比。也就是说，波长越短，频率越高。同时，光子的能量与其频率成正比。因此，蓝色光的频率高于红色光，每个蓝色光子的能量也高于红色光子。

从物理学的角度来看，光的颜色和波长是光的固有属性，是由光源发出的光子的特定能量状态决定的。在太阳光中，不同颜色的光波具有不同的波长和频率，这是由太阳内部的物理和化学过程决定的。

总之，蓝色光的波长较短，是因为其对应的光子具有较高的频率和能量。这是光的一种固有属性，与光源（如太阳）内部的物理和化学过程有关。而正是这种较短的波长，使得蓝色光更容易被大气中的微粒散射，从而让我们看到了蓝色的天空。

1.3　AI 平台工具：掌握 4 大类 AI 工具

AI软件种类繁多，涵盖了语言、图像、视频和音频等多个领域，几乎满足了日常生活、工作和学习中的各种需求。熟练掌握这些不同类型的AI工具，可以大大提升人们的效率和创造力。本节将带大家深入了解各类AI软件的功能与应用，帮助大家在各个领域中更好地发挥这些工具的潜力。

1.3.1　语言类

语言类AI软件主要用于处理和理解自然语言，这些工具能够实现文本生成、翻译、语法纠正、情感分析、对话模拟等多种功能。它们通过先进的自然语言处理（NLP）技术，帮助用户自动化与语言相关的任务，提高工作效率和创作能力。这类软件在内容创作、客户服务、教育和研究等领域有广泛的应用，极大地简化了人们处理和生成语言的复杂过程。

1. ChatGPT

ChatGPT是由OpenAI开发的一种大型语言模型。基础模型是GPT-4，这是一个经过深度学习训练的神经网络模型，旨在理解和生成自然语言文本，帮助用户解决各种与语言相关的问题。ChatGPT的界面如图1-2所示。

图 1-2

ChatGPT的功能与特点如下。

➢ 自然流畅的对话生成：ChatGPT能够基于预训练阶段所见的模式和统计规律，生成自然流畅的对话内容，真正像人类一样进行聊天交流。

➢ 多任务处理能力：除了聊天交流，ChatGPT还能完成撰写论文、邮件、脚本、文案，以及进行翻译、编写代码等多种任务。

➢ 上下文理解：ChatGPT能够根据聊天的上下文进行互动，保持话题连贯，生成具有逻辑性和合理性的回复。

➢ 个性化与定制化：OpenAI为ChatGPT添加了新功能，如Custom instructions，使机器人更具有个性化特色，更好地贴近使用者的需求。

2. 文心一言

文心一言是由百度公司开发的一个先进的AI聊天机器人和语言模型系统，采用深度学习技术，支持多语言理解和生成。它具有广泛的应用场景和高准确性的特点，为企业和个人用户提供了丰富的智能服务和解决方案。主要功能是理解和生成自然语言文本，提供智能对话服务，帮助用户解决各种与语言相关的问题，文心一言界面如图1-3所示。

文心一言的功能与特点如下。

➢ 智能对话：提供自然流畅的对话体验，能够回答用户的各种问题，涵盖广泛的主题。

➢ 文本生成：帮助用户生成文章、报告、故事等各类文本内容。

➢ 信息检索：根据用户的查询，提供相关的信息和数据。

➢ 翻译服务：提供多语言翻译，帮助用户克服语言障碍。

➢ 个性化推荐：根据用户的兴趣和需求，提供个性化的内容推荐。

图 1-3

3. Perplexity

Perplexity是一个基于人工智能的搜索引擎和问答平台，旨在提供更智能、更精准的信息检索和解答。它结合了自然语言处理和大规模的知识库，来回答用户的问题。Perplexity界面如图1-4所示。

图 1-4

Perplexity的功能和特点如下。

➤ 智能问答：Perplexity 可以理解和回答用户的自然语言问题，提供简洁、准确的答案，而不仅仅是列出相关的搜索结果。

➤ 综合信息：Perplexity 会从多个来源提取信息，并将其整合成一个清晰的回答。这意味着用户可以在一个地方获取更完整的答案，而不需要浏览多个网站。

➤ 多领域知识：Perplexity 涵盖了广泛的知识领域，从科学和技术到历史和文化。它的设计目标是提供广泛而深入的信息。

➢ 实时更新：Perplexity 能够处理最新的信息和事件，提供与时俱进的回答，适用于对最新资讯的查询。

➢ 用户友好：界面简洁，使用方便，用户可以直接输入问题，得到详细的解释或答案，适合快速获取信息。

➢ 引用和参考：Perplexity 通常会提供其答案的来源或参考链接，用户可以进一步阅读或验证信息的准确性。

Perplexity的目标是通过AI技术提升信息检索的效率和准确性，使用户能够快速获得他们所需的答案。

4. WPS Office

WPS Office在最新的更新中引入了AI功能，增强了办公效率和用户体验。以下是这些AI功能的主要特点。

（1）智能文档处理

➢ 智能摘要：AI可以自动生成文档的摘要，帮助用户快速获取文档的主要内容。

➢ 自动排版：根据内容类型，AI可以对文档进行智能排版，提升文档的专业性和美观度。

（2）智能写作助手

➢ 语法检查：AI可以实时检测并纠正语法错误，提升写作质量。

➢ 自动翻译：支持多语言翻译，方便跨语言交流和文档处理。

➢ 文本生成：基于输入的关键词或大纲，AI可以生成相关文本内容，辅助用户创作。

（3）表格处理优化

➢ 智能数据分析：AI可自动分析表格数据，生成数据透视表或图表，帮助用户快速理解数据。

➢ 公式推荐：根据用户输入的数据，AI可以智能推荐适用的公式，提高工作效率。

（4）演示文稿增强

➢ 自动设计：AI可以根据内容自动选择适合的模板和布局，使演示文稿更加吸引人。

➢ 内容建议：基于主题或关键字，AI可以建议补充内容，使演示更全面。

（5）语音和图像处理

➢ 语音识别和转换：AI支持将语音内容转换为文本，方便会议纪要和文档的生成。

➢ 图像识别和处理：AI可以识别文档中的图像，进行智能裁剪、识别或生成替代文本。

5. TreeMind树图

TreeMind树图是一款功能强大的AI思维导图软件，TreeMind树图界面如图1-5所示。

图 1-5

TreeMind树图的功能和特点如下。

➢ AI智能生成导图：用户只需输入需求，TreeMind树图便能智能生成相应的思维导图，极大地提高了工作效率。

➢ 丰富的知识模板库：软件内置了多样化的模板，覆盖教育、职业规划、项目管理等领域，用户可以根据需要选择合适的模板进行快速编辑。

➢ 跨平台文件同步：支持在不同设备间同步思维导图文件，用户可以随时随地进行查看和编辑，实现无缝的移动办公体验。

➢ 多人实时协作：TreeMind树图支持多人同时查看和编辑一个思维导图，便于团队进行头脑风暴、工作安排和小组研究，显著提升团队协作效率。

➢ 思维导图演示功能：用户可以直接在软件中进行思维导图的演示，无须再制作烦琐的PPT，使得汇报和展示更加便捷高效。

➢ 开放平台接入：软件支持接入更多外部应用，为用户提供了更加灵活和丰富的功能扩展可能性。

➢ 海量设计资源库：提供了丰富的素材类型和海量设计资源，让用户的思维导图更加美观和专业。

6. 通义听悟

通义听悟是由阿里云推出的一款基于大模型的AI助手，界面板如图1-6所示。其功能和特点如下。

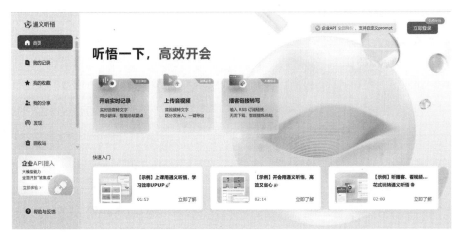

图 1-6

（1）音视频转写与翻译

通义听悟能够准确地将音视频内容转写为文字，支持批量转写功能，便于用户快速获取音视频中的信息。还提供翻译功能，支持中英互译，有助于打破语言壁垒，实现无障碍沟通。

（2）实时记录与整理

通义听悟可以实时记录交流内容，并同步翻译，确保信息的完整性和准确性；方便整理待办事项，使得后续工作安排一目了然。

（3）发言人区分与智能摘要

该产品支持自动区分发言人，并可对发言人进行编辑、筛选，使回顾整理更加清晰。

通义听悟提供全文概要和章节速览功能，智能提炼会话脉络和核心内容，帮助用户快速把握音视频的主题和重点。

（4）高效检索与回顾

用户可以通过搜索功能进行关键词筛选与查找，结合语音时间戳定位功能，快速回听关键段落，提高信息检索和回顾的效率。

（5）音视频问答助手

通义听悟升级后推出了音视频问答助手"小悟"，实现了对单个最长6小时、一次性上百条音视频内容的理解问答，进一步提升了用户获取音视频信息的便捷性。

（6）多模态理解与处理

生活中的音视频承载了密集的信息内容，通义听悟通过多模态理解、自然语言处理等复杂技术，有效解决了查找难、回顾难、提炼难的问题。

（7）灵活的应用场景

通义听悟适用于多种场景，如会议记录、学习笔记、访谈整理等，成为用户身边的智能伙伴，帮助"听"遍所有内容，"悟"得其中深意。

1.3.2　图像类

AI图像绘画软件通过人工智能技术来生成和辅助创作各种艺术作品。这类软件可以将简单的草图转化为复杂的绘画作品，模仿特定的艺术风格，或者根据描述生成全新的图像。用户可以利用这些工具轻松进行数字绘画、插图创作、概念艺术设计等创作，极大地提升了创意表达的效率和艺术水平。这些工具为艺术家、设计师和内容创作者提供了新的创作方式和灵感来源，也使得绘画更加易于学习和实现。

1. Midjourney

Midjourney是一种基于人工智能的图像生成工具，专注于帮助用户创建高质量、艺术性强的视觉作品。其界面如图1-7所示，其功能和特点如下。

图 1-7

（1）AI 驱动的图像生成

用户可以通过输入简单的文本描述来生成图像，AI会根据描述自动创作独特的视觉作品。

（2）高度定制化

Midjourney提供了丰富的自定义选项，用户可以调整风格、色彩、细节等参数，以满足特定的创作需求。

（3）多种风格支持

该工具支持多种艺术风格，从现实主义到抽象艺术，用户可以根据自己的喜好选择或让AI自动匹配最适合的风格。

（4）快速生成

Midjourney能够在短时间内生成高质量的图像，非常适合需要快速视觉原型或灵感的创作者。

（5）易于使用

工作界面简洁直观，无须复杂的绘画技巧或设计经验，任何人都可以轻松上手。

（6）社区驱动

Midjourney有活跃的用户社区，用户可以分享自己的作品，交流创作经验，获取灵感。

2. Stable Diffusion

Stable Diffusion是一种基于深度学习算法的图像生成模型，以生成高质量的图像和艺术作品而闻名，适合艺术家、设计师、开发者等需要创造性图像生成的人群使用，界面如图1-8所示。其功能和特点如下。

图 1-8

（1）文本到图像生成

用户可以输入文本描述，Stable Diffusion根据描述生成对应的图像，这使得用户能够快速将文字转化为视觉内容。

（2）高质量图像输出

Stable Diffusion生成的图像通常具有高分辨率和丰富的细节，适用于多种应用场景，如艺术创作、广告设计和游戏开发。

（3）开放源代码

Stable Diffusion是开源的，允许用户自由访问、修改和扩展模型，这对研究人员和开发者特别有吸引力。

（4）灵活的定制能力

用户可以通过调整参数和配置，生成符合特定风格或要求的图像，甚至可以在模型中加入自己的数据集进行训练，生成个性化的图像。

（5）多风格支持

模型支持多种艺术风格，从现实主义到超现实主义，用户可以根据需要生成不同风格的图像。

（6）与其他工具的集成

Stable Diffusion可以与各种创意软件和平台集成，扩展其功能，使用户能够在现有的工作流程中无缝使用AI图像生成功能。

（7）社区支持

Stable Diffusion拥有活跃的社区，用户可以在社区中分享作品，讨论技术细节，并获取技术支持。

3. 奇域

奇域AI是一个专注于国风绘画创作的智能平台，提供多样化的绘画风格选择。用户可以输入文字描述生成画作，并进行高清重绘与微调，界面如图1-9所示。奇域AI的功能和特点如下。

图 1-9

> AI国风绘画创作：用户可以通过输入中文文字描述，由AI智能生成相应风格的绘画作品。这一功能极大地降低了绘画门槛，使得没有专业绘画技能的用户也能创作出精美的国风画作。
> 多样化的绘画风格：奇域AI提供了丰富的风格模板供用户选择，包括但不限于中式山水、花鸟鱼虫、东方美人、仙侠神话等具有国风特色的绘画风格。

此外，还涵盖了刺绣、皮影、水墨、插画等多种艺术表现形式，满足了用户对不同风格作品的需求。

➤ 高清重绘与作品微调：用户可以对已经生成的图片进行风格上的延展、作品微调、局部消除等操作，以达到更满意的效果。高清重绘功能则能让图片拥有更高的分辨率和更细腻的细节，提升作品的整体质感。

➤ 社区互动与分享：奇域AI建立了一个创作社区，用户可以在社区内分享自己的作品，与其他创作者交流心得，形成一个良好的互动环境。这不仅有助于提升用户的创作热情，还能促进国风艺术的传播与发展。

4. 文心一格

文心一格是百度基于文心大模型和飞桨深度学习平台推出的AI艺术和创意辅助平台，工作界面如图1-10所示。文心一格的功能和特点如下。

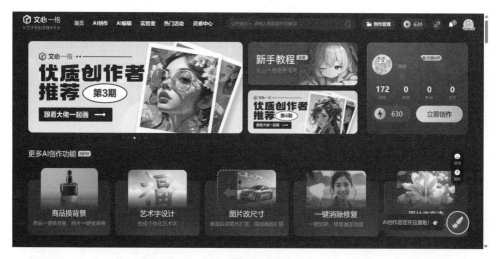

图 1-10

➤ 一语成画，智能生成：用户只需输入一句话，文心一格就能自动生成创意画作。模型能从视觉、质感、风格、构图等角度智能补充用户输入的描述，生成精美的图片。

➤ 东方元素，中文原生：作为全自研的原生中文文生图系统，文心一格在中文、中国文化理解和生成上具备优势，对中文用户的语义理解深入，非常适合中文环境下的使用和落地。

➤ 多样化的艺术风格：文心一格能够驾驭包括抽象、写实、卡通、印象派等多种艺术风格，满足用户不同的创作需求。

➤ 丰富的编辑功能：提供涂抹功能，用户可以涂抹不满意的部分，让模型重新调整生成；还有图片叠加功能，用户提供两张图片，模型会自动生成一张叠加后的创意图；同时，支持用户输入图片的可控生成，根据图片的动作或线稿等生成新图片。

➤ 持续模型升级和功能丰富：文心一格不断进行模型升级，并推出了海报创作、图片扩展和提升图片清晰度等功能，以提供更加多样化的生图服务，满足用户不断增长的需求。

5. Photoshop AI

Photoshop 2024引入了多个强大的AI功能，进一步提升了图像编辑和创意设计的效率。Photoshop 2024的功能和特点如下。

（1）生成式填充（Generative Fill）

用户可以选择图像的某个区域，输入文字描述，Photoshop的AI功能会根据描述自动生成内容填充该区域，这对于去除不需要的元素或扩展图像内容非常有用。

（2）生成式扩展（Generative Expand）

允许用户通过输入文本扩展画布，并让AI自动生成新的图像部分，使画布的扩展无缝衔接原图，适用于制作更大尺寸的图像或调整构图。

（3）改进的对象选择工具

AI对象选择工具变得更加智能，能够自动识别和选择图像中的复杂对象，减少手动调整的时间。

（4）AI驱动的修复与增强

修复工具得到了AI的支持，能够更加智能地去除瑕疵、修复老照片或增强图像细节，提升整体图像质量。

（5）智能背景移除

Photoshop 2024引入了更智能的背景移除功能，用户可以一键去除复杂的背景，使抠图更加轻松和精准。

（6）文本到图像生成

新版本中整合了生成图像的AI功能，用户可以通过输入文字描述来生成图像，这对于创意设计和快速概念化非常有帮助。

1.3.3　视频类

AI视频软件可以根据简单的文字描述或图片创建视频。用户只需输入一段文字，软件便能生成与描述相符的视频；或者提供一张图像，软件会将其转化为动态视频，并为图像中的元素添加动画效果。

1. Runway

Runway是一个为创作者和开发者设计的多功能创意工具平台，特别适用于人工智能（AI）驱动的内容生成。Runway的功能和特点如下。

➤ AI驱动的内容生成：Runway提供了强大的 AI 模型，用于生成图像、视频、文本和音频。这些模型可以帮助用户快速创建高质量的内容，比如图像生成、视频编辑、文本生成等。

➤ 实时协作：Runway 允许多个用户实时协作编辑和创建项目，特别适合团队工作或需要多个创意者共同完成的任务。

➤ 无代码操作：Runway 提供了直观的界面，让没有编程背景的用户也可以轻松使用各种 AI工具。通过简单的拖放操作，就可以实现复杂的 AI 任务。

➤ 多平台兼容性：Runway 支持多种操作系统和设备，用户可以通过桌面应用程序或网页浏览器访问平台。

➤ 插件和集成：Runway 可以与其他流行的创意工具集成，比如 Adobe After Effects、Photoshop 等，使用户能够在已有的工作流程中无缝地使用 AI 功能。

➤ 社区资源：Runway 提供了一个活跃的社区平台，用户可以分享自己的项目、获取灵感，以及访问大量的开源模型和工具。

在Runway中，新用户注册完成登录后赠送525积分，1秒钟视频消耗5积分。在Home界面往下拉，可以看到有文本/图像转视频、视频转视频和生成音频等功能，如图1-11所示，单击对应的按钮就能够进入相应的界面进行操作。

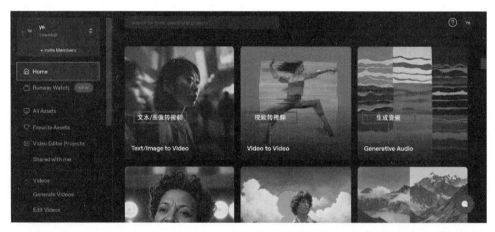

图 1-11

单击Text/Image to Video按钮，进入文本/视频转视频界面，如图1-12所示，左侧是用于控制视频画面效果的功能按钮，中间区域用来调整参数设置，右侧是生成效果展示的区域。下方的Generate 4s按钮则是在视频参数设置完成后，用于生成视频的按钮。

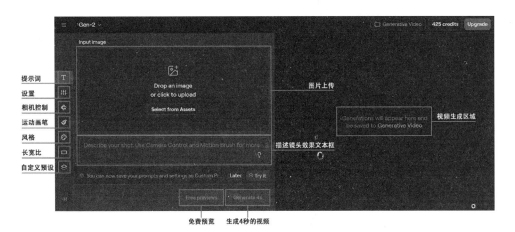

图 1-12

2. Pika

Pika软件是一款强大的AI视频生成工具，它可以通过文本或图像快速生成高质量视频，并提供丰富的编辑功能，让用户轻松更改视频元素、切换风格、调整宽高比，甚至添加语音对白，实现口型同步动画效果，是创意者和视频爱好者的理想选择，工作界面如图1-13所示。Pika的功能和特点如下。

图 1-13

> 文本和图像生成视频：用户只需输入几行文本或上传图像，Pika即可创建简短、高质量的视频。这一功能颠覆了传统的视频制作方式，使视频制作更加简单、快捷。

> 编辑和更改视频：Pika允许用户通过输入相关文本，实现对背景环境、衣着道具等元素的增减或更改，这为用户提供了极大的灵活性和创作空间。

➤ 切换视频风格：用户可以在不同的风格之间转化视频，例如黑白、动画等，从而创造出丰富多样的视频效果。

➤ 调整视频宽高比：Pika还提供了更改视频宽高比的功能，以满足用户在不同场景下的需求。

➤ 添加语音对白：Pika的新功能Lip Sync允许用户为视频添加语音对白，并实现口型同步动画效果，使视频更加生动逼真。

1.3.4 音频类

AI音频类工具包括音乐创作和文字配音两大类。音乐创作工具能够根据描述词自动生成原创音乐或音乐片段，根据用户的需求进行编曲和风格调整，简化创作过程。文转音配音工具则可以将书面文字转化为自然流畅的语音，适用于有声书、广告配音和语音助手等场景，提升了语音内容制作的效率和便捷性。

1. Suno

Suno是一款由Anthropic开发的人工智能音乐创作软件，旨在帮助用户快速生成高质量的歌曲，工作界面如图1-14所示。Suno的功能和特点如下。

图 1-14

➤ AI生成音乐：Suno 利用人工智能技术，可以根据用户输入的文字描述生成完整的歌曲，包括歌词、人声和伴奏，用户可以指定歌曲的风格、情感、节奏等元素。

➤ 自定义选项：用户可以调整生成歌曲的各种参数，如情感表达、节奏和乐器，使得最终作品更符合个人需求和创意。

> 用户友好：Suno 的操作界面简洁易用，适合不同水平的用户，从初学者到专业音乐人都能轻松上手。

> 社区和协作：平台提供了一个活跃的社区，用户可以在其中分享作品、交流创作经验，并进行合作创作。

> 跨平台支持：Suno 是一个基于网络的平台，用户无须下载或安装任何软件，直接通过浏览器即可使用。

> 适用范围广泛：Suno 不仅适合音乐制作人和词曲作者，也适用于教育者、学生、播客主持人和游戏开发者等需要创作音乐内容的群体。

2. 腾讯智影

腾讯智影是一款云端智能视频创作工具，集成了文本配音、数字人播报、自动字幕识别等多种AI智能功能，旨在帮助用户更高效地进行视频创作，无论是商业宣传、教育培训还是个人娱乐，都能轻松应对，工作界面如图1-15所示。腾讯智影的功能和特点如下。

图 1-15

> 云端智能视频创作：腾讯智影是一款云端智能视频创作工具，用户无须下载，即可通过PC浏览器进行访问和使用，便于随时随地进行视频创作。

> 丰富的素材库和模板：平台提供了海量的视频模板和素材，涵盖各类场景和风格，无论是商业宣传、教育培训还是个人娱乐，用户都能找到合适的模板和素材进行创作。

> 强大的AI智能工具：集成了文本配音、数字人播报、自动字幕识别、文章转视频、去水印、视频解说、横转竖等多种AI智能工具，大大提升了视频创作的效率和质量。例如，文本配音功能支持近百种仿真的声线，可将文本直接

转化为语音；数字人播报功能则能快速将文本转换为视频内容。

➢ 高效协作功能：支持多人实时在线编辑同一视频项目，团队成员可以共同讨论、修改和完善作品，极大地提升了工作效率。

➢ 专业的视频剪辑能力：提供了专业易用的视频剪辑器，在浏览器中即可实现视频多轨道剪辑、添加特效与转场、添加素材等，满足用户的高级剪辑需求。

➢ 智能横转竖功能：针对当前短视频竖屏观看的习惯，腾讯智影提供了智能横转竖功能，算法自动追踪画面主体，确保横屏转化为竖屏后不影响观看体验。

3. FreeTTS

FreeTTS是一款基于Java的开源文本转语音（Text-to-Speech，TTS）软件。它能够将输入的文字转化为语音进行输出，主要用于各种应用程序中需要语音合成功能的场景，工作界面如图1-16所示。FreeTTS的功能和特点如下。

图 1-16

（1）多语言支持

FreeTTS支持多种语言的文本转语音功能，用户可以选择不同的语言和语音引擎来生成语音，包括常见的英语、西班牙语、法语等。

（2）多种语音风格

用户可以选择不同的语音风格和语音角色，如男性、女性或不同的语调，以适应不同的应用场景。

（3）简单易用

FreeTTS的界面非常直观，用户只需输入文本，选择语言和语音风格，即可生成语音并可下载音频文件，适合各种用户群体使用。

（4）免费使用

该工具提供免费的文本转语音服务，用户无须注册或支付费用即可使用基本功能。

（5）文件下载

转换后的语音文件可以直接下载，方便用户将其用于视频制作、演示文稿、语音提醒等各种用途。

（6）实时转换

FreeTTS提供了快速的文本转语音功能，用户可以在短时间内获得语音输出，无须等待。

第 2 章
职场赋能：AI 在工作中的创新应用实践

　　随着AI技术的不断发展，目前在人们的工作中发挥着不可或缺的重要作用，从智能书写、文档制作，到管理与办公助手等多元应用场景，它都能以卓越的能力高效应对，极大地提升了人们的工作效率，同时也显著增强了创意产出，为职场带来了前所未有的变革与提升。

2.1　AI 工作写作：下笔如有"神"助攻

AI在工作书写方面的应用，主要是利用自然语言处理和机器学习技术，实现文本的自动生成、校对和修改，提高书写效率和准确性，同时用户可根据自身需求个性化定制文本内容，极大地方便了各类文案的撰写。

2.1.1　撰写新闻稿（ChatGPT）

扫码看教学视频

新闻稿是传递时事信息的重要手段，需及时、准确、简明。在如今的信息爆炸时代，如何快速筛选、整理新闻要点变得尤为关键。借助AI技术，人们可高效总结新闻内容，精准把握事件核心，为读者提供清晰、有条理的新闻报道。

下面介绍提问方式。

使用人工智能语言模型撰写新闻稿，可以按照以下流程进行操作。

（1）提供相关新闻的文章或相关报道视频以导入AI。

（2）通过语言描述告知AI需要提炼的信息与写作的形式，AI会根据提供的内容进行快速且精确的信息提炼，确保高效地完成任务。

? 问：

请从给定的视频链接中提炼出一篇完整的新闻稿。视频链接：https://tv.cctv.com/2024/06/25/VIDEXIKD3S24ZxJy7CTcPgCO240625.shtml，请确保新闻稿的字数控制在700字左右，明确视频主体。找出最重要的几条信息或事件，作为新闻稿的核心内容。重点内容要突出，让读者一目了然。在撰写新闻稿时，请确保所有信息和数据的准确性，并按照新闻稿的传统结构进行撰写，包括标题、导语、正文和结尾。在引用视频中的发言或数据时，请确保引用的准确并注明来源。请确保新闻稿的内容完整、准确、客观，且符合新闻稿的撰写规范和标准。

◎ 答：

嫦娥六号任务圆满成功：历时53天，完成月背采样返回地球

导语： 6月25日，嫦娥六号探测器成功返回地球，标志着中国在月球探测领域取得了又一重大突破。此次任务历时53天，成功完成月背采样，为未来月球科学研究奠定了坚实的基础。

正文：

嫦娥六号成功返回： 6月25日，嫦娥六号返回器在预定区域顺利着陆。此次任务历时53天，探测器完成了轨返分离并成功返回地球。这是中国探月工程的又一重要里程碑。

月背采样任务完成： 嫦娥六号的主要任务是进行月背采样，并将样品带回地球。科学家们表示，此次采样任务的成功将为研究月球的形成和演化提供宝贵数据。嫦娥六号在月球背面采集的样品将被送往专门的月球样品实验室进行详细研究。

科学意义重大： 嫦娥六号任务不仅是中国探月工程的一部分，更是国际月球探测领域的重要贡献。通过此次任务，中国科学家将能够深入研究月球背面的地质构造和物质组成，为揭示月球的奥秘提供新的线索。

对未来的展望：嫦娥六号的成功为中国未来的月球探测任务奠定了坚实的基础。接下来中国将继续推进嫦娥七号和嫦娥八号的任务，进一步探索月球资源和利用前景。科学家们表示，未来的探月任务将更加复杂和具有挑战性，但也充满了无限可能。

结尾：嫦娥六号的成功返回不仅展示了中国在航天技术领域的先进水平，也为全球月球科学研究贡献了重要力量。未来，随着更多探测任务的开展，人类对月球的认识将不断深化，探月之路也将越走越宽广。

来源：央视网，2024年6月25日。

知识延伸：使用同样的方式将需要分析的文章链接上传，明确需要提炼的信息，AI会根据用户提供的内容进行快速且精确的信息提炼，确保高效地完成任务。

2.1.2 演讲稿件（文心一言）

扫码看教学视频

用户可以通过提供关键词、主题或者大纲，让AI系统生成一篇结构清晰、内容连贯的演讲稿。这种方式能显著提高撰写效率，同时为用户提供个性化的演讲内容。AI能够快速分析大量数据，提取相关信息，并根据用户的指令调整语言风格和细节，从而生成符合要求的演讲稿。

下面介绍提问方式。

使用人工智能语言模型生成演讲稿，可以按照以下流程进行操作。

（1）明确告知AI你的需求，提供写作方法和示例，以及你的日常表达习惯，以便AI学习参考。

（2）向AI详细描述文案背景、目标观众和演讲要点，避免内容空洞。

（3）AI初次输出的内容可能不完全符合期望，需通过调整提示词来优化结果。

问：

你现在是一位科技工作者。你的任务是以"未来科技趋势"为标题写一份分析演讲稿。演讲内容包含人工智能的发展、5G技术的影响、物联网的潜力3部分。听众是科技爱好者和从业者。他们喜欢深入的技术分析，看重科技如何改变未来。你的写作风格是逻辑严谨，语言简洁。字数要求1000字。

答：

《未来科技趋势》

尊敬的各位科技爱好者和从业者，大家好。今天，我站在这里，旨在与各位共同探讨未来科技的三大趋势：人工智能的发展、5G技术的影响及物联网的潜力。

首先，让我们聚焦人工智能的发展。人工智能（AI），已逐渐渗透到我们生活的方方面面。从智能家居到自动驾驶，从医疗诊断到金融服务，AI正以其强大的计算能力和学习能力，改变着我们的世界。未来，随着算法的不断进步和数据的日益丰富，AI将在更多领域展现其巨大潜力。例如，通过精确的数据分析，AI可以协助医生进行更准确的诊断；在教育领域，AI可以根据学生的学习情况，提供个性化的学习方案；在工业生产中，AI可以优化生产流程，提高生产效率。可以预见，人工智能将成为推动社会进步的重要力量。

接下来我们谈谈5G技术的影响。5G技术的推广和应用，将极大地提升数据传输速度和稳定性，为各行各业带来革命性的变化。在医疗领域，5G技术将使得远程医疗和实时手术指导成为可能，为偏远地区的患者带来福音。在交通领域，5G技术将助力自动驾驶技术的实现，提高道路安全和交通效率。此外，5G技术还将促进智慧城市的建设，通过大数据和物联网的融合，提升城市管理的智能化水平。

最后，我们来探讨物联网的潜力。物联网，即IoT，是指通过各种传感器和设备，将物体与互联网连接起来，实现信息的互联互通。物联网的应用前景广阔，从智能家居到工业4.0，从智能农业到环境监测，物联网都将发挥重要作用。例如，在智能农业中，通过物联网技术，我们可以实时监测土壤湿度、温度等数据，为农作物提供最佳的生长环境。在环境监测方面，物联网可以帮助我们实时了解空气质量、水质状况等环境信息，为环保工作提供有力支持。

总结起来，人工智能、5G技术和物联网是未来科技发展的三大趋势。它们将深刻改变我们的生活和工作方式，推动社会的进步和发展。作为科技工作者，我们有责任和义务不断探索和创新，为构建更加美好的未来贡献力量。

在此，我想强调的是，科技的发展离不开我们的共同努力。让我们携手合作，共同推动科技创新，为人类的进步和发展作出更大的贡献。同时，我们也应该关注科技发展带来的伦理和道德问题，确保科技的应用符合社会的价值观和道德标准。

最后，感谢各位的聆听。我相信，在未来的日子里，我们将共同见证科技带来的更多奇迹和变革。谢谢大家！

2.1.3　教案撰写（ChatGPT）

扫码看教学视频

通常教师在写教案时比较依赖教师个人的经验与创意，耗时较长。如果使用AI撰写教案，AI能快速生成结构化的教案，减轻教师负担，提升效率。

下面介绍提问方式。

使用人工智能语言模型生成教案，可以按照以下流程进行操作。

（1）上传课程文档至AI中。给AI进行角色定位，如告知AI你是某某学科的老师。

（2）进行背景说明，提供课程的基本信息，如：课程名称、课型课时、学生的基本情况、学生的背景、学习需求、知识储备、学习风格等。

（3）告诉AI你期待的目标，在教案中能够让学生学习到什么样的知识点。

（4）任务限制，根据教学时长，控制知识点的时间分配。

（5）还可以上传优秀教学设计案例供AI进行参考。

❓ 问：

你是一位资深的初中英语老师。请编写一份教案设计，目标教授12～13岁初二年级的学生一篇英语课文。

教案中需要包含的内容：1.文章框架和重点句式；2.设计的备课计划要让学生能够通过对比阅读三篇短文发现相似的语法，并提取、归纳推介类说明文的结构特征和重点句式；3.让学生能根据上下文猜测生词的意思和词性；4.计划可操作的课堂活动，并提出具体的活动步骤。

教学步骤：引入话题、文章框架拆解、重点词汇和重点句型的讲解和练习，以及写作，同时请考虑不同英语水平学生的需求，为他们设计不同的支架选择。

课程时长：共40分钟，请给出每个教学步骤和相关活动的预计用时。

◉ 答：

教学目标：1.学生能够通过对比阅读三篇短文，发现相似的语法，并归纳推介类说明文的结构特征和重点句式。2.学生能够根据上下文猜测生词的意思和词性。3.学生能够运用所学知识，写出一篇简单的推介类说明文。

教学对象：12～13岁初二年级学生。

教学时长：40分钟。

教学步骤及活动设计：

·第一步——引入话题（5分钟）

*活动名称：*讨论周末安排

*步骤：*1.教师提出问题：你们周末通常做什么活动；2.学生两人一组讨论自己的周末安排，并在小组内分享；3.教师总结学生的回答，引入文章主题：现代孩子的周末活动及其对成长的影响。

*目标：*激发学生兴趣，导入课文主题。

·第二步——文章框架拆解（10分钟）

*活动名称：*快速阅读与框架提取

*步骤：*1.学生快速阅读文章《Maybe You Should Learn to Relax!》。2.教师引导学生总结文章的主要内容和结构。段落一：现代孩子的繁忙周末；段落二：美国孩子的周末活动；段落三：不同家长的观点；段落四：医生的建议。

*目标：*帮助学生理解文章结构，为后续重点句式和语法分析做准备。

·第三步——重点词汇和重点句型的讲解和练习（15分钟）

*活动名称：*词汇猜测与句型归纳

*步骤：*1.教师挑选文章中的生词和重要词汇，如"busy""after-school classes""competition""pressure"等，指导学生根据上下文猜测词义和词性。2.教师讲解推介类说明文中常见的句型，如"Many of them are..." "Others are..." "Doctors say..." "I believe..."等。3.学生完成句型填空练习，巩固所学句式。

*目标：*提升学生词汇猜测能力和句型使用能力。

·第四步——写作练习（8分钟）

*活动名称：*写一篇短文

*步骤：*根据不同学生的英语水平，教师提供不同的写作支架。1.低水平学生：提供句子开头和关键词，让学生完成句子。2.中水平学生：提供段落开头，要求学生扩展段落。3.高水平学生：要求学生独立写一篇关于"周末活动对孩子成长的影响"的短文。

*目标：*通过写作练习，检查学生对推介类说明文结构和重点句式的掌握情况。

·第五步——课堂总结与反馈（2分钟）

*活动名称：*课堂反馈

*步骤：*1.分享自己的写作作品。2.教师进行点评，总结本节课所学内容，并布置作业。

*目标：*帮助学生巩固所学知识，了解学生的学习效果。

·第六步——板书设计

文章结构：段落一——现代孩子的繁忙周末；段落二——美国孩子的周末活动；段落三——不同家长的观点；段落四——医生的建议。

重点词汇："busy""after-school classes""competition""pressure""relax""development"。

重点句型："Many of them are...""Others are...""Doctors say...""I believe..."。

·第七步——教学反思

本节课通过对比阅读和写作练习，让学生不仅能够掌握推介类说明文的结构特征和重点句式，还能提高词汇猜测能力和句型使用能力。根据不同学生的英语水平提供写作支架，有助于全面提升学生的写作能力。

2.1.4 简历修改（文心一言）

扫码看教学视频

简历是求职者向招聘方展示个人经历、技能和成就的文档，应简洁明了地列出教育背景、工作经历等，以便雇主快速了解求职者。而使用AI写作简历，能智能分析、整理个人信息，提供个性化模板，帮助求职者高效地生成专业的简历，提升求职成功率。

下面介绍提问方式。

使用人工智能语言模型生成简历，可以按照以下流程进行操作。

（1）提供个人基本信息和求职的公司或行业。

（2）给AI提供你的工作经历、教育背景、技能特长和个人评价，重点信息需要突出，对文字进行数据化排版。

❓ 问：

我是一位应届大学生，我要应聘新媒体运营岗，请帮我写一份简历。姓名：李明；联系方式：153×××××××；邮箱：×××××@××.com。

教育背景：2021—2025年，中国传媒大学，新闻学专业，本科学历。教育背景帮我写成3小段，丰富我的专业学科，丰富我在大学获得的相关奖项，丰富我在大学的社交组织沟通能力。

工作经历：工作经历一——2024年3月—2024年7月，在A公司作为实习生负责产品A在媒体平台的内容撰写、发布和维护，包括微信公众号、小红书、微博、抖音等；提高品牌和产品曝光度和用户互动率；分析数据报告、评估运营效果，并提出优化建议；工作经历二——2024年7月—2025年1月，在B公司作为实习生，从0～1负责抖音、快手、小红书、YouTube、Instagram等平台的运营工作。对于工作经历一和工作经历二，帮我各写成5小段，工作内容数据化、量化，突出关键的增长。

工作外经历：给美食商家拍摄短视频，并剪辑；给同学拍户外照片并修图。帮我写成4小段，举例说明我从0～1做了什么，做成了什么，量化一下。

技能专长：熟悉各类新媒体平台操作和流量逻辑；熟练使用拍摄相机和剪辑软件；熟悉人工智能软件操作。举例展开介绍运营知识和实战经验，并增加我擅长使用的软件，比如新媒体平台操作，展开介绍脚本撰写、视频拍摄、视频剪辑，以及会用的相机、剪辑软件，人工智能软件举例说明，比如ChatGPT、其他人工智能绘图软件等。

个人评价：突出我的实战经验和技能在新媒体岗位的突出优势。

◎ 答：

姓名：李明

联系方式：153×××××××××

电子邮箱：×××××@××.com

教育背景：中国传媒大学，新闻学，本科，2021.09—2025.06

在校期间

1. 专攻新闻采访、写作、编辑及评论，系统学习了新闻理论知识与实践技能，深化了对新闻传播规律的理解。

2. 在校期间，积极参与新闻采编实践，多篇新闻报道在校内外媒体上发表，提升了专业实操能力。

3. 荣获校级"优秀新闻学子"称号，并在新闻学院举办的新闻写作大赛中获得一等奖，彰显了扎实的新闻专业素养。

4. 担任学生会宣传部部长，成功策划并执行了多场校园活动，提升了组织协调与社交沟通能力。

5. 积极参与校际交流活动，与国内外同行深入交流，拓宽了国际视野，增强了跨文化沟通能力。

工作经历

A公司：新媒体运营实习生（2024.03—2024.07）

1. 负责产品A在各大媒体平台（微信公众号、小红书、微博、抖音等）的内容撰写与发布，微信公众号粉丝量增长××%，阅读量提升××%。

2. 通过精准定位目标用户群体，优化内容策略，成功提升品牌和产品曝光度，用户互动率提高××%。

3. 定期分析用户数据报告，评估运营效果，针对用户反馈及时调整内容方向，使得用户满意度显著提升。

4. 策划并执行线上推广活动，活动期间新增用户注册量环比增长××%，活跃用户量提升××%。

5. 与团队成员紧密合作，提出创新性运营建议，被采纳后有效提升了用户黏性和转化率。

B公司：新媒体运营实习生（2024.07—2025.01）

1. 从零开始负责抖音、快手、小红书、YouTube、Instagram等平台的运营，短短半年内各平台粉丝总数增长超过××万。

2. 通过精心策划的短视频内容，使得抖音平台视频播放量单条最高达到××万次，快手平台视频平均点赞数提升××%。

3. 成功打造了一系列热门话题，在小红书上引发用户热烈讨论，相关笔记阅读量超过××万次。

4. 利用YouTube和Instagram平台，有效推广了公司产品，吸引了大量海外用户关注，转化率提升××%。

5. 在团队中主导数据分析工作，通过精准分析用户行为，为内容优化提供了有力支持，用户留存率提高××%。

工作外经历

1. 自主为本地美食商家拍摄并剪辑宣传短视频，其中一条视频在抖音平台获得超过××万次播放，成功吸引上千新顾客。

2. 热心为同学拍摄户外照片，并精修图片，累计为上百位同学提供了优质服务，获得了广泛好评。

3. 从零开始学习摄影和修图技能，通过在线课程和自学，熟练掌握了多种拍摄技巧和修图软件的使用方法。

4. 曾独立策划并执行了一次校园摄影大赛，吸引了众多学生参与，提升了校园摄影文化氛围。

技能专长

1. 熟悉微信公众号、小红书、微博、抖音等各类新媒体平台的操作规则和流量逻辑，能够高效地进行内容推广和与用户互动。

2. 熟练掌握佳能、尼康等专业相机的使用，以及 Adobe Premiere、Final Cut Pro 等视频剪辑软件，能够独立完成高质量的短视频制作。

3. 熟悉人工智能软件操作，如 ChatGPT 等，能够利用其进行内容创意辅助和数据分析，提升运营效率。

4. 具备丰富的运营知识和实战经验，擅长脚本撰写、视频拍摄和剪辑，能够高效产出吸引用户的新媒体内容。

个人评价

作为一名实战经验丰富的新媒体运营人才，我深知新媒体的力量与魅力。通过多次实习和工作外经历，我磨炼出了敏锐的市场洞察力和高效的内容生产能力。在新媒体运营岗位上，我能够迅速把握市场动态，精准定位用户需求，以数据驱动运营决策，为公司带来实实在在的增长。我相信，我的实战经验和专业技能将在新媒体岗位上发挥巨大优势，助力企业实现更大的商业价值。

2.1.5　活动策划（ChatGPT）

扫码看教学视频

活动策划是制定和实施特定主题活动详细方案的过程，旨在通过创意、规划和组织，确保活动顺利进行，有效传达活动目标，提升参与者的体验和满意度，从而达到预期的社会效益或商业效果。而使用 AI 进行活动策划能高效地生成方案，智能分析数据，优化资源配置，从而简化策划流程，提高工作效率，为活动成功提供科技支持。

下面介绍提问方式。

使用人工智能语言模型生成活动策划，可以按照以下流程进行操作。

（1）明确活动核心目的，如品牌宣传、团队建设等。

（2）明确参与者与活动日期、时间、地点及场地设施情况，并告知预算、资源与活动内容，描述活动内容偏好及是否融入特定主题。

（3）活动中涉及的品牌信息，包括形象、定位等。

（4）预估活动可能面临的风险及应对措施，活动期间的特殊需求和注意事项。

? 问：

你是一位策划专家。请制定一份以团队建设为核心，旨在强化团队协作，传达企业美好文化价值观的活动计划。

活动计划要求如下。

1. 活动时间：7月18日14:00—18:00。

2. 活动地点：公司会议室。

3. 活动时长：预计历时半天，可容纳60人参与。

4. 公司类型：互联网公司。

5. 预算：约6000元，涵盖场地布置、小食饮料等费用。

6. 活动流程：以团队互动游戏为主，融入公司文化元素，合理安排活动流程，确保活动顺利进行。

7. 宣传方式：通过社交媒体和内部通信宣传公司文化。

8. 特别关注：确保活动顺利进行，同时传达出公司对团队建设的重视。

9. 目标：通过活动提高员工间的默契度，助力公司更好地发展。

请确保活动计划详细、完整，并符合上述要求。同时，请考虑如何吸引员工积极参与，并确保活动的顺利进行。

◎ 答：

《公司团队建设活动计划》

活动名称：团队协作与企业文化体验日

活动时间：7月18日14:00—18:00

活动地点：公司会议室

活动时长：4小时

参与人数：60人

预算：6000元

活动目标：

1. 提高员工之间的默契度，以更好地协同合作。

2. 传达并强化公司企业文化与价值观。

3. 提升员工对公司的归属感和认同感。

4. 通过互动游戏激发团队的创造力和问题解决能力。

活动流程：

14:00—14:30 签到与开场致辞

1. 员工签到领取活动手册和姓名牌。

2. 公司高层致欢迎辞，介绍活动目的和重要性。

3. 解释活动规则与流程。

14:30—15:30 破冰游戏

游戏一：名字连连看

规则：所有员工围成一个大圈，每个人依次介绍自己的名字并说出一个与自己名字首字母相同的形容词（如：勇敢的杨伟）。

目的：快速记住同事的名字，拉近距离。

游戏二：团队拼图

规则：将员工分为6个小组，每组10人。每组收到一份拼图，每组需要在最短的时间内完成拼图。拼图内容与公司文化相关，如公司LOGO或使命愿景等。

目的：培养团队协作与沟通。

15:30—16:00茶歇与自由交流

提供小食和饮料，如水果、饼干、咖啡、茶等。

员工自由交流，增进感情。

16:00—17:00团队协作游戏

游戏三：逃脱房间

规则：将公司会议室布置成简易逃脱房间，员工分成6个小组，每组10人。每组需要在规定的时间内通过解谜逃脱。谜题内容与公司业务、文化、历史等相关。

目的：提高团队解决问题的能力和沟通协作能力。

游戏四：模拟公司项目

规则：分成若干小组，每组模拟完成一个公司项目。从项目启动到完成，需进行计划、执行、监控和收尾。项目可以是公司正在进行的真实项目。

目的：提升团队在实际工作中的协作与执行能力。

17:00—17:30分享与总结

每组派代表分享活动体验与感受。

公司高层总结发言，表彰表现优秀的团队和个人。

颁发小奖品，如公司定制纪念品等。

17:30—18:00合影留念与自由交流

全体人员合影留念，记录美好瞬间。

自由交流时间，为活动画上圆满句号。

活动宣传：

1. 社交媒体宣传：通过公司官方微信、微博、抖音等平台发布活动预告、宣传海报和活动亮点，吸引员工关注和参与。

2. 内部通信：通过公司内部邮件、企业微信等渠道发布活动通知，详细介绍活动内容和报名方式。

3. 现场展示：活动当天在公司会议室外设置宣传板，展示公司文化和活动亮点。

特别关注：

1. 活动安全：确保活动过程中所有员工的安全，安排专人负责安全管理。

2. 后勤保障：确保小食、饮料等供应充足，提前准备妥当活动物料。

3. 及时反馈：活动后进行员工满意度调查，收集反馈意见，不断改进团队建设活动。

总结：

通过本次团队建设活动，希望能够有效提升员工之间的默契度与沟通协作能力，传达并强化公司企业文化，为公司更好地发展提供助力。希望每位参与者都能在活动中收获快乐与成长，共同为公司的未来努力奋斗。

2.1.6　研究报告（Perplexity）

Perplexity拥有检索全网内容并进行智能总结的能力，能够迅速获取和分析最新的数据和信息。无论是学术研究、市场分析还是行

扫码看教学视频

51

业趋势，Perplexity都能提供最具时效性的内容支持，帮助人们快速找到需要的知识点。

？问：

请撰写一份2022年中国进出口贸易研究报告。

◎答：

《中国2022年进出口贸易研究报告》

2022年，尽管面临全球经济挑战和地缘政治紧张局势，中国的进出口贸易仍表现出持续增长的态势和韧性。中国将继续保持其作为全球贸易伙伴的主要地位，特别是与美国的贸易关系。

关键发现

创纪录的中美贸易：2022年，中美商品贸易达到创纪录的6906亿美元，同比增长2.5%。超过了2018年创下的6588亿美元的历史纪录，表明尽管政治紧张局势存在，但两国经济联系依然紧密。

中美贸易逆差

美国对中国的贸易逆差同比扩大8.3%，达到3829亿美元。这表明美国对中国商品的需求依然很大。

美国自中国进口

美国自中国的进口同比增长6.3%，总额达到5368亿美元。这一数字仅略低于2018年创下的5385亿美元的历史高点。

美国对中国出口

美国对中国的出口达到历史新高，同比增长1.6%，总额达到1538亿美元。这表明中国对美国产品的需求持续存在。

主要出口领域

美国对中国的主要出口领域有：农产品（占美国对中国出口总额的23.1%）；以及机械和机械器具（占20.1%）。

重要进口类别

中国依然是美国多个类别进口的主要来源国：

· 机械器具、音像设备和电视机（占美国在该类别总进口的26.8%）

· 纺织品（占29.7%）

· 家具、寝具、灯具、玩具、游戏、运动器材、油漆及其他杂项制造品

全球贸易份额

2022年，中国占美国：总出口的7.5%（2.1万亿美元）、总进口的16.5%（3.2万亿美元）、总贸易逆差的32.4%。

分析

2022年的贸易数据表明，尽管存在持续的贸易争端和减少相互依赖的努力，美中两国经济仍然相互依赖。双边贸易的增长表明，两国企业和消费者对彼此产品的需求依然强劲。

然而，需要注意的是，两国都在实施政策，旨在减少在某些领域的相互依赖。例如，中国正在努力增加大豆生产的自给自足，这可能会对美国的谷物出口产生长期影响。

美国也加大了对中国技术领域，特别是先进计算和半导体的制裁力度。作为回应，中国

已经起草了限制关键太阳能制造技术出口的规则。

结论

尽管2022年中国与美国的进出口贸易表现出增长的态势，但未来的趋势仍不确定。持续的贸易紧张局势、多样化供应链的努力，以及增加自给自足的政策可能会影响未来的贸易模式。然而，2022年的强劲贸易数据表明，两大经济体之间的完全经济脱钩依然具有挑战性，并可能对双方经济造成潜在损害。

2.1.7　内容检测（文心一言）

扫码看教学视频

在写文案或文章等各种书写材料的时候，最后校验错别字时需要一个一个地去查找，费时费力，而使用AI则只需将需要校对的书面文档上传，让AI帮忙找出有错别字的地方，省时又省力。

下面介绍提问方式。

使用人工智能校对文档，可以按照以下流程进行操作。

（1）提供需要校对的文档，将其导入AI，如图2-1所示。

（2）通过语言描述告知AI需要校对的内容，如错别字、病句等，AI会根据提供的内容进行快速且精确的信息提炼，确保高效完成任务。

当前支持上传1个文件
最大10MB

📄 文件　🖼 图片

使用"/"创建和收藏指令，可通过shift+回车换行

图 2-1

❓ 问：

你是一个中文语言专家，请帮我找一下这个文档中的内容有没有错别字或者语病。

◎ 答：

在您的文档中，我注意到了一些可能有语病的句子，以下是详细列表。

1. "海报已经变成了人们生活中最常见的视觉承载媒介之一。"这句话本身语法正确，但"视觉承载媒介之一"的表述略显冗长，可以简化为"海报已经成为人们生活中最常见的视觉传播方式之一"。

2. "我们就一般将高大于宽的，这种竖版的单张宣传物料，称之为海报。"这里的"我们就一般"稍显冗余，可以简化为"我们一般将高大于宽的竖版单张宣传物料称为海报"。

3. "第二部是视觉设计"，这里显然是一个笔误，应为"第二步是视觉设计"。

4. "而本节设计信息中要求使用人像，所以就围绕着人像来进行设计。"这句话在文中重复两次，第一次出现在描述第一步时，第二次出现在描述第二步时，属于不必要的重复，可以删除第二次出现的这一句。

2.1.8　广告插播（文心一言）

扫码看教学视频

　　AI技术可以快速生成广告文案的初稿，为广告创意人员提供一个起点，节省了从头开始构思和撰写的时间。用户可以输入相关信息和关键词，然后让AI根据这些信息生成初步的文案内容。

? 问：

　　假设你是一位知名的旅游博主，经常在网上分享你的旅行见闻和美景照片，同时也会发布一些旅行攻略视频，为粉丝提供实用的旅行建议。最近，一家生产户外防水鞋的商家联系到你，希望在你的旅行攻略视频里插入他们的产品广告。你计划在视频的中段介绍这款防水鞋。请你设计一段广告文案，要求强调鞋子的防水性能、防滑耐磨、透气舒适及时尚外观这4个特点，并对每个特点进行详细描述，以便作为旁白使用；在广告的最后，请添加一些引人入胜的话语，激发观众的购买欲望，但不要使用总结性的陈述。广告文案需要与前面的旅行攻略内容流畅衔接。请根据这些要求，构思一段吸引人的广告。

◎ 答：

　　当你在探索未知的旅途时，一双好鞋是你不可或缺的伙伴。今天，我要为大家介绍一款卓越的户外防水鞋，它将为你的旅行增添无尽的舒适与便利。

　　这款户外防水鞋，拥有出色的防水性能。鞋面采用特殊的防水材料制成，无论是淅沥小雨还是瓢泼大雨，都能有效阻挡水分渗透，保持你的双脚干燥舒适。在潮湿的环境中，你再也不用担心鞋子湿透，影响旅行的心情了。

　　防滑耐磨是这款鞋的又一大亮点。鞋底采用高性能橡胶材质，结合独特的防滑纹理设计，即使在湿滑、崎岖的路面上，也能提供稳固的抓地力，确保你的行走安全。耐磨性极佳的材质，让鞋子更加耐用，陪伴你走过更多的山川河流。

　　透气舒适是这款户外防水鞋不可或缺的特点。鞋面采用透气材质，确保双脚在长时间行走过程中，依然能够保持干爽。内部的舒适鞋垫，贴合脚底曲线，有效缓解长时间行走带来的疲劳感。

　　当然，时尚外观也是这款鞋的一大看点。简约大方的设计，搭配多种颜色选择，不仅适合户外探险，还能满足你的日常穿搭需求。无论是在城市街头还是在山水之间，都能让你成为焦点。

　　想象一下，你穿着这款户外防水鞋，踏遍祖国的大好河山，无论是翻山越岭还是涉水过河，它都将是你最得力的助手。走过泥泞的小道，越过崎岖的山坡，每一步都稳健而自信。它不仅仅是一双鞋，更是你旅行路上的好伙伴。

　　因此，当你准备踏上新的旅程时，不妨考虑一下这款户外防水鞋。它将为你的旅行带来更多的便利与舒适，让你的每一步都充满力量与信心。别犹豫了，快来选购你的旅行好伙伴吧！

2.1.9　小红书爆款标题（ChatGPT）

扫码看教学视频

　　标题是内容的灵魂，也是留给读者的第一印象。如果想要让内容有更大的曝光率，首先就要取一个好标题。很多朋友写好了一篇文章，却往往不知道如何取标题，现在就让AI帮忙出谋划策吧。

假设你是一名自媒体工作者，现在打算写一篇穿搭技巧文章发布到小红书，但是思来想去没有特别合适的标题，不妨让AI来帮一帮你！

？问：

我想写一篇关于穿搭的5个技巧的文章，用户群体是20～25岁之间的年轻女性，请按照小红书的文章风格帮我取10个标题，要求有悬念和冲突，体现标题的独特，增加点击量。

答：

1. 你穿对了吗？20～25岁女生必看5个穿搭雷区！

2. 时尚坑太多？避开这5个雷区让你秒变穿搭高手！

3. 5个穿搭技巧，20～25岁女生不能不知的秘密！

4. 你穿的衣服真的适合你吗？5个技巧让你时尚感爆棚！

5. 避免这5个穿搭误区，让你告别土气，秒变时尚女神！

6. 这些年你一直穿错？5个小技巧教你穿出大气场！

7. 同样的衣服，为啥你穿不出范儿？5个技巧来帮你！

8. 穿搭的秘密武器：20～25岁女生必学的5个独家技巧！

9. 别再乱穿了！5个穿搭技巧教你变身时尚达人！

10. 20～25岁女生注意！这5个穿搭技巧帮你秒变潮人！

2.1.10　小红书爆款文案（ChatGPT）

扫码看教学视频

一篇好的文章，是可以使用AI来进行分析和模仿的，假设你是一名自媒体从业者，上一节生成了穿搭技巧的爆款标题，那么如何让AI为接下来的内容进行描写呢？

使用人工智能语言模型生成文案，可以按照以下流程进行操作。

（1）找到一篇以上高质量的小红书文章，通过复制、粘贴或制作成文档的形式导入AI中，让它分析并总结这篇文章的风格特点。

（2）让AI将分析的文章特点设置成一个指令，方便日后使用。

（3）使用指令加上需要撰写的小红书文案标题，让AI为你创作内容。

首先上传一篇高质量的小红书爆款文案（图2-2），让AI进行分析总结，具体操作如下。

？问：

现在你作为小红书内容创作者，我将上传一篇高质量的小红书文案范本。你需要根据范本总结出小红书文案的风格特点。

图 2-2

◎答：

从上传的小红书文案来看，小红书文案的风格特点可以总结如下。

1. 标题简洁、吸引人：标题通常包含具体内容的提示，如"新手化妆正确步骤"，并且使用吸引人的词汇如"敲详细""仙女必看"等来吸引读者的注意。

2. 结构清晰：内容分为多个部分，每个部分都有明确的主题，例如"化妆前必须要做的护肤步骤""底妆篇""眉眼篇""修容口红篇"等，使读者能够快速找到自己感兴趣的部分。

3. 使用符号和表情符号：文案中大量使用符号，如箭头（→）和爱心（♥），增加了视觉上的层次感和趣味性，便于阅读。

4. 详细、具体的推荐：对每个推荐的产品都有详细的描述，包括产品的品牌、名称、使用感受和适合的肤质或情况，给读者提供了全面的信息。

5. 口语化的表达：文案采用了口语化的表达方式，亲切自然，如"真的没有别的捷径""超级适合新手""用到天荒地老"等，拉近了与读者的距离。

6. 使用流行语和网络语言：如"绝绝子""敲嫩"等，增加了文案的时尚感和趣味性，符合小红书平台年轻用户的语言习惯。

7. 个人体验和建议：作者分享了自己的使用体验和建议，如"空管N只""超级适合新手"，增加了文案的真实性和可信度。

8. 推荐适合不同情况的产品：文案中提到不同的皮肤类型、不同化妆需求的产品选择，显示了对读者需求的细致考虑。

9. 视觉感受的描述：对产品的效果有具体的描述，如"上脸真的是blingbling的，仙女破碎感""低饱和度消肿不出错"等，帮助读者更好地理解产品效果。

通过这些特点，小红书的文案不仅能够吸引读者的注意，还能提供实用的参考信息，增强读者的信任感和互动性。

AI总结完后，将对AI进行下一步的指令设置，具体操作如下。

❓问：

太棒了！总结得很到位！

接下来把上面分析的小红书优质文案的风格特点总结成一个指令，名称是"小红书风格"，之后每当我需要你作为小红书文案创作者进行文案撰写时，只要提出"小红书风格"，你就根据这种风格特点撰写文案，可以吗？

可以的话请回复"好的，如果我收到'小红书风格'就根据上面分析的风格特点来撰写文案。"

◎答：

好的，如果我收到"小红书风格"就根据上面分析的风格特点来撰写文案。

将"小红书风格"指令设置完成后，接下来就可以让AI通过之前的文案总结模板进行爆款文案的撰写了，具体操作如下。

❓问：

好的。现在需要你作为小红书优质内容创作者，用"小红书风格"撰写文案，标题是"同样的衣服，为啥你穿不出范儿？5个技巧来帮你！"

答：

同样的衣服，为啥你穿不出范儿？5个技巧来帮你！

大家是不是都有这样的困扰？明明是同样的衣服，别人穿就有范儿，自己穿就感觉差点意思？别急，今天我来分享5个实用小技巧，让你轻松穿出范儿！

1.选择合适的尺码

找到适合自己的尺码是第一步。太紧或太松的衣服都会影响整体效果。试试多种尺码，找到最适合自己的那一件，才能穿出最好的效果哦！

2.注意搭配的颜色

颜色搭配是提升时尚感的关键。试试同色系搭配或者对比色搭配，让整体造型更有层次感。比如白色上衣搭配牛仔裤，经典又不失时尚。

3.善用配饰

配饰是提升造型的重要元素。一条精致的项链、一只时尚的手表，都会让你的整体造型更有亮点。记住，配饰要简约，但不简单，才能更显范儿。

4.确保衣服干净整洁

衣服的整洁度直接影响你的形象。每次出门前，确保衣服干净、没有褶皱。试试用蒸汽挂烫机，快速解决衣服褶皱问题，时刻保持最佳状态。

5.自信是最好的穿搭

无论穿什么，自信最重要。挺直腰板、抬头挺胸，让自己看起来更加精神。自信的气场能让你无论穿什么，都能穿出独特的范儿。

穿搭是一门艺术，更是一种态度。只要掌握了这些小技巧，每个人都能穿出自己的风格。快试试这些方法，找到最适合自己的穿搭方式吧！

欢迎点赞、收藏和分享，让更多小伙伴穿出自己的范儿！有任何穿搭问题，评论区见哦！

2.1.11　爆款短剧剧本创作（ChatGPT）

目前，短剧市场蓬勃发展，观众尤其喜欢节奏紧凑、情节反转频繁的内容。AI技术在短剧创作中越来越受欢迎，能够高效生成剧本，快速响应市场需求，同时通过大数据分析精准捕捉观众的喜好，提升创意和观众的参与度。

扫码看教学视频

问：

你是一名爆款短剧的编剧，擅长创作吸引眼球、简单直接且节奏快速的故事。你需要创作一部短剧，目标观众是喜欢追求刺激、爽快剧情和快节奏故事的年轻观众，主题围绕东方玄幻世界，展现人物之间的友情和爱情，时长为每集3分钟。请根据以上信息，帮我基于经典的三幕结构，设置剧情反转，构建一部符合爆款标准的短剧剧本。剧本需要具备以下特点。

1.悬疑的开头。创造刺激的视觉效果吸引观众。

2.直接的剧情。避免复杂的背景设定和人物关系，以便快速吸引并留住观众的注意力。

3.剧集节奏快，短小精悍。迅速展开情节，有频繁的情节反转和高潮，保证观众持续兴奋。

4.引人入胜的叙事结构。

5.适合社交媒体平台的流行元素和高频次互动点。

◎ 答：

剧名：《校园风暴》

剧集设置：每集3分钟，共10集

第一集

第一幕：悬疑开头

画面：夜晚的校园，灯光闪烁，学生会大楼突然停电，一片漆黑。

角色：男主角（李翔）和女主角（林可）在学生会办公室里寻找失踪的档案。

事件：李翔拿起手电筒，光束扫过墙壁，发现墙上写满了奇怪的符号和字母。

第二幕：直接的剧情

画面：林可惊讶地看着墙上的符号，李翔拿出手机拍照。

对话：

林可："这是什么？"

李翔："看起来像是某种暗号，可能和我们调查的失踪案有关。"

第三幕：快速反转与高潮

画面：李翔和林可继续调查，突然办公室的门被猛地推开，一群蒙面人冲了进来。

事件：两人被蒙面人逼到墙角，李翔用手机迅速发出求救信息。

反转：就在蒙面人即将得手时，窗外传来警笛声，蒙面人迅速逃离，李翔和林可松了一口气。

第二集

第一幕：悬疑开头

画面：第二天早晨，校园广播突然播出一段神秘的录音，提到失踪的档案和暗号。

事件：学生们议论纷纷，气氛紧张。

第二幕：直接的剧情

画面：李翔和林可在校园食堂讨论录音的内容，决定去图书馆查找更多线索。

对话：

李翔："我们得弄清楚这段录音的来源。"

林可："或许图书馆里有相关的书籍。"

第三幕：快速反转与高潮

画面：图书馆里，李翔和林可找到一本关于校园历史的书，书中提到一个被封锁的地下室。

事件：两人决定夜晚偷偷潜入地下室寻找线索。

反转：当他们进入地下室时，发现地下室里竟然有一台高科技设备，正在记录校园里的一切动向。

第三集

第一幕：悬疑开头

画面：地下室里，高科技设备的屏幕上显示出一张神秘的校园地图，标记着多个红点。

事件：李翔和林可仔细看地图，发现红点都是最近发生怪事的地方。

第二幕：直接的剧情

画面：李翔和林可决定分头行动，分别前往地图上的红点位置调查。

对话：

李翔："我们分头行动，尽快找到线索。"

林可："小心点，保持联系。"

第三幕：快速反转与高潮

画面：李翔在红点位置之一的实验室发现一份被遗弃的研究报告，提到一项未公开的校园实验。

事件：林可在另一红点位置的旧教室找到一张写满密码的纸条。

反转：就在两人分别发现线索时，实验室和教室的门同时被锁死，李翔和林可被困在不同的地方，无法联系。

后续剧情简要概述

第四集：李翔和林可设法逃脱，互通信息，发现校园内有个秘密组织。

第五集：两人通过破解密码纸条，找到更多关于秘密组织的信息，得知其目的与校园失踪案有关。

第六集：李翔和林可逐步接近真相，但遇到了更多阻碍和危险，友情逐渐加深。

第七集：两人发现秘密组织的首领竟是学校的高层人士，他们决定揭发真相。

第八集：在一次关键的调查中，林可被秘密组织抓住，李翔独自继续调查。

第九集：李翔冒险救出林可，两人携手揭开秘密组织的最终目的——控制整个校园。

第十集：在最终对决中，李翔和林可合力击败秘密组织，恢复校园的正常秩序，但他们的友谊和爱情也面临新的挑战。

这部短剧通过紧凑的情节、频繁的反转和紧张的对决，迅速抓住观众的注意力，适合在社交媒体平台上广泛传播。

> **提示：** 如果对生成的剧本满意，可在AI中输入：将后面的第四集到第十集故事补充完整。

？ 问：

请为该剧本的第一集设计一个脚本，以表格的形式呈现剧本的分镜序号、画面、台词、时长、云镜、场景、角度、景别、视频效果。

◎ 答：

《校园风暴》第一集脚本

分镜序号	画面描述	台词	时长	云镜	场景	角度	景别	视频效果
1	夜晚的校园，灯光闪烁，学生会大楼突然停电，一片漆黑	无	5秒	无	校园	高角度	全景	闪电效果、停电突变
2	李翔和林可在学生会办公室里寻找失踪的档案	林可："档案在哪？"	10秒	无	学生会办公室	平视角	中景	手电筒光束
3	李翔手电筒的光束扫过墙壁，发现墙上写满了奇怪的符号和字母	李翔："这里有东西。"	8秒	推镜	墙壁	低角度	特写	墙上符号清晰显现
4	林可惊讶地看着墙上的符号，李翔拿出手机拍照	林可："这是什么？"	7秒	无	学生会办公室	平视角	中景	手电筒光束
5	李翔和林可继续调查，办公室的门被猛地推开，一群蒙面人冲了进来	无	6秒	拉镜	学生会办公室	平视角	全景	突然变黑，蒙面人冲入

续表

分镜序号	画面描述	台词	时长	云镜	场景	角度	景别	视频效果
6	两人被蒙面人逼到墙角，李翔用手机迅速发出求救信息	李翔："快逃！"	10秒	无	学生会办公室	俯视角	近景	紧张的音乐
7	窗外传来警笛声，蒙面人迅速逃离，李翔和林可松了一口气	林可："他们走了。"	8秒	无	学生会办公室	平视角	中景	警笛声渐近

2.1.12 辅助编程（ChatGPT）

扫码看教学视频

AI能够根据自然语言描述，智能地自动生成代码或补全尚未完成的代码片段。同时，它还能够将一种编程语言的代码准确地翻译成另一种编程语言，这一能力极大地提高了编程效率，为开发者解决了各种复杂问题，带来了前所未有的便利与创新。

（1）AI可以根据自然语言描述自动生成代码，或者补全尚未完成的代码。例如，你可以描述一个任务，AI可以生成相应的函数或脚本。具体操作如下。

问：

编写一个Python函数来计算两个数的最大公约数。

答：

```
def gcd(a, b):
    while b:
        a, b = b, a % b
    return a
```

AI可以帮助发现代码中的错误，并提供解决方案，具体操作如下。

问：

我在运行这段代码时遇到了错误，能帮我找出问题并修复吗？代码示例如下。

```
def divide(a, b):
    return a / b
print(divide(10, 0))
```

答：

```
def divide(a, b):
    try:
        return a / b
    except ZeroDivisionError:
        return "Cannot divide by zero"
print(divide(10, 0))
```

（2）AI可以分析代码的性能并提出优化建议，具体操作如下。

? 问：

描述问题："我的排序算法运行太慢，有没有更快的方法？"提供的代码如下。

```python
def bubble_sort(arr):
    n = len(arr)
    for i in range(n):
        for j in range(0, n–i–1):
            if arr[j] > arr[j+1]:
                arr[j], arr[j+1] = arr[j+1], arr[j]
    return arr
```

◎ 答：

```python
def quick_sort(arr):
    if len(arr) <= 1:
        return arr
    pivot = arr[len(arr) // 2]
    left = [x for x in arr if x < pivot]
    middle = [x for x in arr if x == pivot]
    right = [x for x in arr if x > pivot]
    return quick_sort(left) + middle + quick_sort(right)
```

（3）AI 可以将一种编程语言的代码翻译成另一种编程语言，具体操作如下。

? 问：

将这段 Python 代码翻译成 JavaScript。提供的代码如下。

```python
def add(a, b):
    return a + b
```

◎ 答：

```javascript
function add(a, b) {
    return a + b;
}
```

2.2　AI 办公软件：助力文档处理与制作

使用 AI 办公软件可以显著提升文档处理与制作的效率。AI 自动化工具能够帮助人们快速完成文档编排、内容生成和格式调整，帮助制作 PPT、表格和思维导图等，减少人工操作时间，降低错误率。

2.2.1　文档整合表格（文心一言）

在工作中，表格被广泛应用于数据管理、项目规划、财务分析等方面，能够清晰地展示数据和信息，提高工作效率和决策的准确性。

扫码看教学视频

而表格整理需求频繁，手动整理耗时、易错且麻烦。借助AI，可快速将杂乱的数据转化为清晰的表格，提升效率。

下面介绍提问方式。

使用人工智能语言模型将文件整理成表格，可以按照以下流程进行操作。

（1）将需要整理的文件上传至AI工具中，如图2-3所示。

（2）告诉AI要将内容整理成表格的

当前支持上传1个文件
最大10MB

文件　　图片

使用 "/" 创建和收藏指令，可通过shift+回车换行

图 2-3

形式，通过语言描述告知AI文件中需要提炼的重点数据，AI技术能准确提炼重点信息，可以大大提高工作效率，同时确保数据的准确性和可读性。

请确保整理后的数据简洁明了，便于快速查阅和分析，同时在表格中明确展示各类数据的详细信息和统计结果。

? 问：

你是一个数据整理专家，请帮我对这份PDF文件中的数据进行统计和分类，整理成清晰的表格形式，并突出关键数据要点。

◎ 答：

类别	数据	数值/描述
中国瑜伽馆规模分布概览	东部地区占比	53%
	中部地区占比	25%
	西部地区占比	19%
	东北地区占比	3%
场馆课程及教练管理特征	教练每周授课频率	会员数小于50人的场馆，81.72%的教练每周小于4课时；会员数50~200人的场馆，50.47%教练的课时数在4~14；会员数大于200人的场馆，大于15课时数的教练占比达到了60.73%
	教练平均课时费	100元以下占比43.78%，100~150元占比43.95%，150元以上占比12.27%
瑜伽客群练习和消费画像	男女比例	男性占比13.76%
	练习次数	12%的客户每周练习1次，48%的客户每周练习2~4次，40%的客户每周练习5次以上
	消费频次	61.42%的客户一年消费1次，21.13%的客户一年消费2次，17.45%的客户一年消费2次以上

续表

类别	数据	数值/描述
行业品牌竞争格局	短视频平台竞争	众多瑜伽场馆和健身博主/教练分享教程
	美团平台竞争	商户众多，课程品质、服务体验、价格和品牌口碑为竞争点
用户互动与反馈	用户互动方式	通过话题标签、私域引流等方式提高内容可见性和参与度
	目标受众	20～45岁女性用户，关注健康、注重身材管理
商业合作与变现模式	美团平台	线上预定、线下体验，以本地消费为主
	短视频平台	私域流量转化，提高流量转化率

2.2.2 一键生成PPT（WPS AI）

扫码看教学视频

使用WPS中的AI功能撰写PPT时，用户只需输入演示文稿的主题和关键点，WPS的AI功能就能自动生成包含这些内容的幻灯片，大大节省了制作时间。

01 打开WPS，单击"新建"按钮，在打开的"新建"对话框中单击"演示"按钮，在打开的"新建演示文稿"界面单击WPS AI按钮，选择"AI生成PPT"选项，如图2-4所示。

图2-4

02 打开WPS AI面板，如图2-5所示，在其中输入文字"请帮我创作一篇以环保为主题的PPT。"

03 生成大纲后，可以在界面中进行内容的更改。更改完成后，单击右下角的"挑选模板"按钮，如图2-6所示。

图2-5

04 选择自己喜欢的模板，单击右下角的"创建幻灯片"按钮，如图2-7所示。

图 2-6　　　　　　　　　　　　　　　图 2-7

05 AI生成的PPT效果如图2-8所示。

图 2-8

提示：使用WPS AI完成PPT的制作后，若需增减内容或替换模板，都可以在其中进行调整。

2.2.3　一键生成表格函数（WPS AI）

扫码看教学视频

使用WPS的AI功能，用户只需在Excel中输入需求，即可一键生成公式，无须再费心思考复杂的表格函数，从而极大地节省了制作时间。

01 打开WPS，单击"打开"按钮，将在WPS中打开表格，在打开的表格中单击WPS AI按钮，选择"AI写公式"选项，如图2-9所示。

图 2-9

02 打开"AI写公式"面板，如图2-10所示，在其中输入文字"帮我算一下笔记本的总价"。

图 2-10

03 AI将会自动写好公式，如图2-11所示。

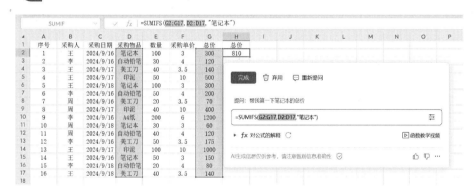

图 2-11

提示：如果需要对生成的公式进行讲解或调整参数，可以单击下方的"fx对公式的解释"按钮，可获得原理，方便调整修改，如图2-12所示。

2.2.4　总结文档内容（WPS AI）

扫码看教学视频

使用WPS中的AI功能可以对文档内容进行全文总结，用户只需在WPS中打开文档，WPS的AI功能就能自动总结全文，大大节省了制作时间。

图 2-12

打开WPS，单击"打开"按钮，在WPS中打开文档，在打开的文档中单击WPS AI按钮，选择"全文总结"选项，如图2-13所示。

图 2-13

◎ 答：

《人工智能不可替代什么行业》一文指出，尽管人工智能将在未来广泛应用于各种行业，但一些职业由于其特有的需求和人类特质，不容易被AI替代。这些职业包括创意和艺术类职业、医疗和护理职业、教育和培训职业、人力资源管理、法律和伦理咨询，以及社会工作与心理咨询。这些职业需要创造性思维、情感交流、复杂决策和深度人际互动，这些能力是AI难以复制的。因此，在未来，这些职业仍将由人类主导，而AI将成为强大的辅助工具。

2.2.5　生成折线图（文心一言）

扫码看教学视频

折线图是一种在坐标系中用线段连接各数据点的图表，通过线段的上升或下降来表示数据指标（如统计数目、比例、时间间隔等）的连续变化情况。它可以非常直观地反映数据的变化趋势，帮助我们了解数据随时间或其他变量的波动情况。

? 问：

请帮我生成最近一个月北京温度的统计图。

◎ 答：

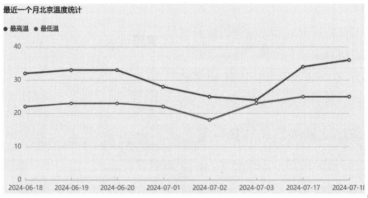

2.2.6　整理思维导图（TreeMind树图）

扫码看教学视频

AI能够快速分析大量信息，并自动总结成思维导图，这大大节省了人们手动创建思维导图的时间和精力。用户只需提供相关内容，AI 即可自动完成结构化和图形化的呈现。

01 打开 TreeMind 树图，单击"新建思维导图"按钮，如图 2-14 所示，接着单击左上角的 AI 图标，选择"AI 总结"选项，如图 2-15 所示。

图 2-14　　　　　　　　　　　　　　　　图 2-15

02 在页面左侧单击"导入文件（PDF、Word、TXT）"按钮，上传文件，如图 2-16 所示。

03 上传文件后，单击下方的"AI 一键总结"按钮，如图 2-17 所示。

图 2-16　　　　　　　　　　　　　　　　图 2-17

04 在弹出的"总结文档"提示框中单击"确认"按钮，如图 2-18 所示，即可生成思维导图。

05 生成效果如图 2-19 所示，用户可在其中进行文字修改。

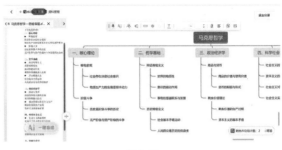

图 2-18　　　　　　　　　　　　　　　　图 2-19

06 单击右上角的"退出分屏"按钮后，可调整颜色、骨架和样式等，调整完成后，单击右上角的"导出"按钮，如图2-20所示。

07 选择一个导出格式，如图2-21所示，即可将创建的思维导图导出。

图 2-20　　　　　　　　　　　　　　　　图 2-21

08 最终效果如图2-22所示。

2.3　AI 办公助手：助力办公与沟通

AI软件还可以在工作中充当得力助手，翻译、撰写邮件及总结会议纪要等，提升工作效率和沟通效果。

2.3.1　办公翻译（ChatGPT）

目前，使用AI可以翻译多种语言，如英语、中文、法语、德语、西班牙语、日语等。一般来说，对于常见的语言，翻译准确度相对较

图 2-22

高。这是因为这些语言之间有大量的训练数据和翻译实践，使得模型能够更好地学习和理解两种语言之间的转换规律。

下面介绍提问方式。

使用人工智能语言模型进行翻译，可以按照以下流程进行操作。

（1）提供需要翻译的资料文档或者图片，将其上传给AI。

（2）说明需要翻译的语言、需要修改的地方或者指出语言错误。

? 问：

《宝宝智趣拼图玩具说明书》

亲爱的家长们，欢迎选购我们的宝宝智趣拼图玩具！这款玩具专为1~3岁宝宝设计，旨在通过拼图游戏激发宝宝的智力与创造力。

1. 基本玩法：挑选适合的拼图难度，引导宝宝拼出各种图案。鼓励宝宝根据图案自由组合，培养想象力和空间感。

2. 安全须知：请在成人监护下使用，避免宝宝将拼图放入口中。定期检查玩具的完整性，如有破损请立即更换。

3. 维护保养：定期清洁玩具表面，保持卫生，避免阳光直射和潮湿环境。让宝宝在玩乐中学习，智趣拼图陪伴宝宝快乐成长！

以上是该产品在中国的说明书，请针对公司即将推出的婴幼儿玩具，撰写一份德语产品介绍，需要严格遵从德国产品说明书的格式进行撰写，并符合德语表达习惯，以提升产品的市场影响力。

◎ 答：

为了更好地将产品介绍翻译成德语，并符合德国产品说明书的格式，我将撰写以下内容。

1. 基本信息：包括产品名称和适用年龄。

2. 基本玩法：如何使用玩具及其教育意义。

3. 安全须知：安全使用的注意事项。

4. 维护保养：如何保养和清洁玩具。

Produktinformation für Baby-Intelligenz-Puzzlespielzeug

Produktname: Baby-Intelligenz-Puzzlespielzeug

Altersempfehlung: 1-3 Jahre

Grundlegendes Spielprinzip：

Puzzleteile auswählen: Wählen Sie die passende Schwierigkeitsstufe der Puzzleteile aus und führen Sie Ihr Kind an, verschiedene Muster zusammenzusetzen.

Kreativität fördern: Ermutigen Sie Ihr Kind, die Puzzleteile frei zu kombinieren und verschiedene Muster zu kreieren, um die Vorstellungskraft und das räumliche Denkvermögen zu fördern.

Sicherheitshinweise:

Aufsicht durch Erwachsene: Das Spielzeug sollte unter Aufsicht eines Erwachsenen verwendet werden.

Vermeidung von Verschlucken: Achten Sie darauf, dass Ihr Kind die Puzzleteile nicht in den Mund nimmt.

Regelmäßige Überprüfung: Überprüfen Sie regelmäßig die Integrität des Spielzeugs. Bei Beschädigungen ersetzen Sie bitte umgehend das Spielzeug.

Pflege und Wartung:

Reinigung: Reinigen Sie regelmäßig die Oberfläche des Spielzeugs, um die Hygiene zu gewährleisten.

Lagerung: Vermeiden Sie direkte Sonneneinstrahlung und feuchte Umgebungen.

Lassen Sie Ihr Kind beim Spielen lernen und genießen Sie die Freude des Baby-Intelligenz-Puzzlespielzeugs!

Ich hoffe, dass diese Produktbeschreibung dazu beiträgt, die Markteinführung Ihres Spielzeugs in Deutschland erfolgreich zu unterstützen. Wenn Sie weitere Anpassungen oder Informationen benötigen, lassen Sie es mich bitte wissen!

2.3.2 会议纪要总结（通义效率助手）

扫码看教学视频

参加会议的时候走神就非常容易漏听重要消息，如果使用录音，会后再听一遍，重新总结会增加工作量和时间，使用AI直接在线录音，实时看到发言的文字，就再也不用担心错过重要信息。

打开"通义效率"微信小程序，如图2-23所示，在其中可以进行实时记录或者上传手机音视频等。

◎ 答：

全文概要

本期播客探讨了企业战略与个人发展的关联，揭示战略起源于军事领域，其寻找优势的基本理念也适用于个人决策和职业规划。通过将组织的战略分析方法应用于个人生活，有助于识别自身的优缺点，从而做出更明智的选择。在商业环境中，重点放在构建个人和组织的独特价值上，而非直接对抗竞争对手，对实现长期成功至关重要。讨论强调了在制定战略时，集中力量发挥自身优势的重要性，并通过苹果公司案例说明了缩小业务范围以提升利润

图 2-23

的必要性。资源的稀缺性和选择的必要性被认为是有效战略的两个关键因素。成功的企业和个人战略都需要聚焦单一目标，并将其拆分为可执行的任务。核心在于深刻理解当前状况，运用专业知识不断优化，以构建竞争力。简化思考，专注于实现目标的每一步，并持续适应变化，是这一过程中的基本原则。

章节速览

00:00 探索企业战略对个人发展的启示。

02:28 聚焦与优势：战略制定的关键。

05:49 资源稀缺性与战略选择。

10:12 构建与执行：从企业战略到个人成长。

2.3.3　撰写电子邮件（文心一言）

扫码看教学视频

使用AI撰写邮件，能高效快捷地草拟邮件内容，节省时间。AI能智能分析收件人信息和写邮件的目的，生成专业、准确的措辞，提升沟通效果。同时，AI还能检查语法和拼写错误，确保邮件质量，避免因语言不当而引起误会。

❓问：

请帮我写一封邮件。A公司向B公司借用会议室举办活动，时间是2024年9月16日下午。语气友好。

◎答：

主题：借用会议室申请——2024年9月16日下午

尊敬的B公司管理团队：

您好！

我是A公司的活动组织者，负责策划和执行我们即将在2024年9月16日下午举行的特别活动。在此，我代表A公司向您提出一个友好的请求，希望能借用贵公司的会议室来举办此次活动。

我们非常看重这次活动的举办，并相信它将对双方公司都带来积极的影响。在考察了多个场地后，我们认为贵公司的会议室设施完善，环境幽雅，非常符合我们此次活动的需求。

活动详情如下：

· 活动日期：2024年9月16日

· 活动时间：下午（具体时间可根据贵公司会议室的使用情况协商确定）

· 活动类型：[具体活动类型，如研讨会、发布会等]

· 预计参加人数：[预计人数]

我们承诺会严格遵守贵公司的相关规定，确保会议室的整洁与安全，并在活动结束后及时恢复原状。此外，我们也愿意就借用会议室一事提供适当的补偿或支持。

非常期待能得到您的支持与协助。如果您有任何疑问或需要进一步的信息，请随时与我联系。我们衷心希望这次合作能为双方带来共赢的结果。

再次感谢您的考虑，并期待您的积极回复。

顺祝商祺！

[您的名字]

[您的职位]

A公司

[联系电话]

[电子邮箱]

[日期]

第 3 章
点亮生活：AI 在日常中的实用玩法

　　AI技术在生活中能够提供全方位的便捷服务，从智能穿搭推荐到个性化育儿指导，从丰富的娱乐体验到智能旅行规划，再到健康和心理的个性化管理，以及快速法律检索和咨询等，AI都能让人们的生活更加智能、高效和便捷。

3.1　购物选择：10 倍效率提升（文心一言）

扫码看教学视频

在购物过程中，大家应该常常遇到商品种类繁多且杂的情况，挑选起来费时费力。即便是查看网上的测评信息，也需要花费大量的时间进行对比分析。然而，如今有了AI辅助购物，这一切都变得便捷起来。AI能够智能分析人们的购物需求和偏好，迅速为人们筛选出合适的商品，大大节省了挑选和对比的时间，让购物变得更加轻松愉快。

? 问：

请为60岁的女性长辈推荐一款价格在4000元以内的智能手机，并给出以下要求。

1. 电量使用时间长，确保长时间使用无须频繁充电。
2. 耐摔，能够应对日常使用中的跌落、震动等冲击。
3. 电子屏幕要大、清晰、护眼，确保长时间使用不会感到疲劳或不适。
4. 售后有保障，确保手机在正常使用过程中出现故障时能够及时维修或更换。

请给出至少5款符合以上要求的智能手机，并简要说明每款手机的优点和适用场景。

◎ 答：

针对60岁女性长辈的需求，以下是我推荐的5款价格在4000元以内的智能手机。

1. 荣耀×50
   - 优点：搭载骁龙695芯片，性能稳定；配备5800mAh大容量电池，续航时间长；屏幕清晰、护眼，适合长时间使用；荣耀的售后服务体系完善，有保障。
   - 适用场景：适合日常通信、浏览网页、观看视频等，荣耀X50的耐摔性能也能应对日常使用中的小意外。

2. vivo S19
   - 优点：拥有6000mAh的超大电池，续航时间极长；采用超薄蓝海电池技术，实现了大电池与轻薄设计的结合；屏幕护眼技术可以减少视觉疲劳；vivo的售后服务也很可靠。
   - 适用场景：适合需要长时间使用手机而不希望频繁充电的用户，同时轻薄的设计也便于携带。

3. OPPO K12
   - 优点：5500mAh大容量电池，续航能力强；拍照效果出色，满足记录生活的需求；OPPO的品牌信誉和售后服务都很好。
   - 适用场景：既能满足日常通信需求，又能在拍摄照片或视频时提供良好的体验。

4. 一加Ace3
   - 优点：5500mAh电池提供长久续航；配备骁龙8 Gen 2芯片，性能强劲；屏幕清晰，对眼睛友好；一加的售后服务也相当不错。
   - 适用场景：适合追求性价比和长续航的用户，同时一加Ace3的性能也能满足一些图形处理或轻度游戏的需求。

5. 真我GT5 Pro
   - 优点：5400mAh电池，续航时间长；搭载骁龙8 Gen 3芯片，性能卓越；屏幕护眼效果好；真我手机在性价比方面表现出色，且售后服务有保障。
   - 适用场景：适合追求高性能和长续航的用户，真我GT5 Pro的综合配置能够满足多种使用场景。

这些手机在电量使用时间、耐摔性、屏幕大小和清晰度，以及护眼等方面都有不错的表现，同时售后服务也有保障。您可以根据长辈的具体需求和喜好来选择合适的款式。

在AI给出回复后，可以继续向AI进行深入提问，以选出最符合的手机型号。

? 问：

其中哪款手机的好评度最高？

◎ 答：

在推荐的手机中，根据提供的信息，一加Ace3在首销后收获了高达98%的好评率，这是这些手机中明确提及且数值最高的好评度。这一好评率反映了用户对该手机的高度认可和满意度。因此，如果以好评度为主要考量因素，一加Ace3在这些手机中脱颖而出。

综上所述，好评度最高的手机是一加Ace3。

3.2 生活娱乐：点亮生活色彩（ChatGPT）

扫码看教学视频

AI技术在生活娱乐领域大放异彩，其强大的个性化推荐功能能够根据每个人的独特喜好，精准推送符合口味的音乐、电影或书籍。简而言之，AI不仅让娱乐生活变得更加智能化，还为人们带来了更加多元化和便捷的体验。

下面介绍提问方式。

以电影推荐为例，为了更准确地推荐符合自己口味的电影，可以提供以下信息。

（1）喜好类型：你喜欢哪些类型的电影？（例如：动作片、喜剧片、爱情片、科幻片、恐怖片、悬疑片、剧情片等）

（2）喜欢的导演或演员：有没有特别喜欢的导演或演员？

（3）喜欢的电影：你最喜欢的电影有哪些？

（4）观看语言：你更喜欢看什么语言的电影？（例如：英语、法语、韩语、中文等）

（5）接受度：是否接受老电影？还是只想看新片？

（6）特定主题：是否有特别感兴趣的主题或故事情节？

（7）观看平台：你通常在哪些平台观看电影？

? 问：

你是一位电影推荐官。请基于以下信息，为我推荐几部优秀的电影。

1. 我平常喜欢观看的电影类型有：动作、喜剧、科幻、悬疑等题材。

2. 电影的国籍和语言不限。

3. 喜欢的电影有：《哈利·波特》《疯狂动物城》《罗马日记》《无间道》。

请确保推荐的电影避免过度的暴力、恐怖等不良元素；请确保推荐的电影质量高、剧情紧凑，并符合上述要求。谢谢！

◎ 答：

基于你的喜好和要求，我推荐以下几部电影，希望你会喜欢。

1.《盗梦空间》（Inception，2010）

类型：科幻，悬疑，动作

导演：克里斯托弗·诺兰（Christopher Nolan）

简介：一位盗梦者通过侵入他人梦境盗取秘密，而这一次他需要完成一个看似不可能的任务——在梦境中植入一个想法。

亮点：剧情紧凑，情节复杂，视觉效果震撼。

2.《银河护卫队》（Guardians of the Galaxy，2014）

类型：动作，喜剧，科幻

导演：詹姆斯·古恩（James Gunn）

简介：一群古怪的外星人和一个地球人组成了一个非传统的团队，保护宇宙免受强大敌人的威胁。

亮点：幽默感十足，角色有魅力，视觉效果华丽。

3.《火星救援》（The Martian，2015）

类型：科幻，悬疑

导演：雷德利·斯科特（Ridley Scott）

简介：一位航天员被困在火星上，必须利用他的智慧和科学知识来生存并找到回家的路。

亮点：科学与人性的结合，紧张刺激的情节，主角的坚韧和智慧。

4.《神偷奶爸》（Despicable Me，2010）

类型：喜剧，动画，家庭

导演：皮艾尔·柯芬（Pierre Coffin）、克里斯·雷纳德（Chris Renaud）

简介：一个超级坏蛋意图偷走月亮，却意外收养了三个孤儿女儿，于是他开始重新审视自己的人生。

亮点：温馨幽默，适合家庭观赏，角色设计独特。

5.《飞跃疯人院》（One Flew Over the Cuckoo's Nest，1975）

类型：剧情，喜剧，悬疑

导演：米洛斯·福尔曼（Miloš Forman）

简介：一个自由奔放的男人被送入精神病院，他在医院里掀起了一场反抗制度的革命。

亮点：深刻的社会意义，扣人心弦的剧情，杰克·尼科尔森的出色表演。

希望这些电影能带给你愉快的观影体验！

3.3　旅游攻略：让假期更美好（ChatGPT）

AI能够智能规划旅游行程，提供景点推荐和实时路况，让旅行更高效、顺畅。同时，AI的翻译功能也消除了语言障碍，使游客能更深入地体验异国文化，让旅游更加便捷和愉快。

下面介绍提问方式。

扫码看教学视频

如需要制定旅游行程安排，可以按目的地＋旅行时间＋旅游预算＋旅行偏好形式来设计，从而生成详细的行程安排、景点推荐和交通路线。

？问：

请根据以下信息规划北京三日游详细行程。

出发地点：长沙

旅行时间：2024年7月19日早上10点到达北京—2024年7月21日晚上8点前往机场返回长沙

旅行人数：两人

旅行地点：北京

旅行偏好：喜欢具有当地特色、历史文化的景点，美食打卡，喜欢拍照记录

总预算：3500元

请你生成详细的行程安排、景点推荐、购票须知、当天天气和交通路线的三日游玩旅行攻略。

◎答：

北京三日游详细行程安排如下。

出发前的准备

1. 交通预订：提前预订往返高铁票或机票，以确保有座位并获得优惠价格。

2. 住宿预订：选择适合的酒店或民宿，建议选择交通便利、评分较高的住宿。

3. 购票预订：提前预订景点门票，避免排队。

4. 天气查询：提前查询北京天气情况，准备相应的衣物和防晒用品。

5. 预算分配：交通费用（约1000元）、住宿费用（约1200元），以及餐饮和景点门票（约1300元）。

行程安排

第一天（7月19日，星期五）

早上：10:00到达北京，前往酒店办理入住。建议住宿地点：东城区，方便前往各大景点。

中午：12:00在酒店附近解决午餐。推荐美食：北京烤鸭、炸酱面。

下午：13:30前往故宫博物院参观。建议提前预订门票，避免排队。游览时间：3～4小时。门票：60元/人（旺季），40元/人（淡季）。

晚上：18:30晚餐时间。推荐美食：涮羊肉、糖葫芦。20:00前往天安门广场，欣赏夜景并拍照留念。21:30返回酒店休息。

第二天（7月20日，星期六）

早上：07:30早餐后，前往八达岭长城。建议提前预订好往返巴士或高铁票。游览时间约3小时。门票40元/人。08:30从市区出发，预计1.5小时到达八达岭长城。

中午：12:00在长城附近解决午餐。推荐美食：驴打滚、炸糕。

下午：13:30返回市区，前往南锣鼓巷。游览时间：约2小时，体验老北京胡同文化，拍照留念。16:00前往后海，租自行车环湖骑行，感受夏日风情。

晚上：18:30晚餐时间。推荐美食：麻辣小龙虾、卤煮火烧。20:00前往雍和宫，感受夜晚的宁静与神秘。21:30返回酒店休息。

第三天（7月21日，星期日）

早上：07:30早餐后，前往颐和园参观。建议提前预订门票。游览时间约3小时。门票30

元/人（旺季），20元/人（淡季）。08:00出发前往颐和园。

中午：12:00在颐和园附近解决午餐。推荐美食：炸酱面、烧饼。

下午：13:30前往天坛公园参观。游览时间约2小时。门票15元/人。15:30参观结束后，可以前往秀水街购物。

晚上：18:00晚餐时间。推荐美食：老北京炸酱面、烤串。19:00返回酒店，收拾行李，准备返程。19:30乘坐地铁或打车前往北京首都国际机场或大兴国际机场。

返程

20:00：到达机场，办理登机手续。

22:00：乘坐飞机返回长沙，结束愉快的北京之旅。

预算分配

1. 交通：高铁往返约1000元/人，总计约2000元。

2. 住宿：每晚400元左右，三晚总计约1200元。

3. 餐饮及景点门票：每日约300元，总计约900元。

购票须知

高铁/飞机票：建议提前购买，节省费用并确保有座位。

景点门票：故宫博物院、八达岭长城、颐和园、天坛等景点可在官方网站或旅游平台提前购买。

当天天气

7月19—21日：北京夏季气温较高，建议穿着轻便、透气的衣物，并携带防晒用品（如防晒霜、帽子、太阳镜）。

提前查看具体的天气预报，做好相应的准备。

交通路线

长沙至北京：

高铁：长沙南站至北京西站，推荐G字头列车。

飞机：长沙黄花机场至北京首都国际机场或大兴国际机场。

北京内交通：

推荐使用地铁、公交及共享单车，既方便又经济。

地铁路线：王府井（1号线）、天安门广场（1号线）、南锣鼓巷（6号线）、后海（6号线）、雍和宫（5号线）、八达岭长城（S2线或专线巴士）、颐和园（4号线）、天坛（5号线）。

推荐景点

1. 故宫博物院：感受明清两代皇宫的宏伟和历史。2.南锣鼓巷：体验老北京胡同文化，品尝特色小吃。3.后海：环湖骑行，享受夏日风情。4.八达岭长城：登上世界闻名的长城，体验壮丽风光。5.颐和园：游览皇家园林，欣赏湖光山色。6.天坛：感受明清两代的祭天文化与建筑艺术。

美食推荐

1. 北京烤鸭：必尝的北京经典美食。2.炸酱面：地道的北京面食。3.糖葫芦：传统北京小吃。4.涮羊肉：老北京火锅。5.驴打滚：传统北京糕点。6.炸糕：北京特色小吃。7.麻辣小龙虾：夜宵美食。8.卤煮火烧：北京特色小吃。9.烧饼：传统北京面点。10.烤串：地道的北京烤肉。

希望这份行程安排能让你和同行的伙伴度过一个愉快的北京之旅！

当你想像一名本地人一样参观游玩，真正地感受当地的风土人情时，那么可以使用接下来的提问法。

? 问：

我计划去首尔玩 4 天。你能提供不涉及热门旅游景点的行程安排吗？

◎ 答：

当然！以下是一个为期四天的首尔行程安排，避开了热门旅游景点，让你能体验更地道的首尔文化和生活。

第一天：探索首尔的隐藏咖啡馆和书店

上午

城北洞（Seongbuk-dong）散步：这是一个安静的住宅区，有很多漂亮的传统韩屋和小巷，可以漫步欣赏。

Visit Sikmulgwan（植物馆）：这是一个隐藏在城北洞的漂亮咖啡馆，环境宁静，非常适合放松。

下午

庆熙大学：这是一所有着美丽校园的大学，春天樱花盛开，秋天枫叶红艳，非常适合散步。

Alver（书店咖啡馆）：在这里可以享受咖啡，阅读书籍，感受浓厚的文化氛围。

晚上

Ikseon-dong（韩屋村）：虽然越来越受欢迎，但相比其他热门景点，这里还是比较安静的，有很多独特的咖啡馆和餐厅。

第二天：沉浸在传统文化中

上午

三清洞（Samcheong-dong）：有很多小型艺术画廊和传统韩屋，可以在这里感受传统与现代的交融。

Anguk-dong（旧书街）：喜欢古书的朋友可以在这里淘到很多有趣的旧书。

下午

仁寺洞（Insa-dong）手工艺市场：这里有很多传统手工艺品商店，可以购买到地道的韩国手工艺品。

茶艺体验：在仁寺洞的传统茶馆体验韩国的茶文化。

晚上

Gwangjang Market：这是一个地道的市场，虽然有点知名，但相对其他景点来说游客不多，可以在这里品尝各种韩国街头小吃。

第三天：体验首尔的创意和设计

上午

弘大后巷（Hongdae Back Streets）：这是一个充满创意和艺术的小区，探索各种独立的艺术画廊和设计师店铺。

Cafe Comma：弘大的一个书店咖啡馆，环境幽雅，适合放松和阅读。

下午

梨泰院（Itaewon）：避开主街，可以在小巷里发现很多独立设计师的店铺和咖啡馆。

Leeum三星美术馆：这里展示了很多韩国和国际上的现代艺术作品，是一个安静的艺术空间。

晚上

汉江公园（Hangang Park）：可以租一辆自行车沿着汉江骑行，享受晚上的城市风光。

第四天：自然与历史

上午

北汉山（Bukhansan）：这是一个适合徒步的地方，可以享受自然风光和清新的空气，避开市区的喧嚣。

北村韩屋村（Bukchon Hanok Village）：尽管有些游客，但选择一些小巷走，可以避开人群，感受历史的痕迹。

下午

延禧洞（Yeonnam-dong）：这个区域有很多特色小店和咖啡馆，可以在这里享受悠闲的下午时光。

东大门设计广场（DDP）：欣赏独特的建筑设计，晚上有时会有露天市场和活动。

晚上

清溪川（Cheonggyecheon）：沿着小溪散步，享受城市中的宁静。虽然位于市中心，但晚上的人流不多。

希望这个行程安排能让你体验到不一样的首尔之旅！

3.4　健康管理：专注健康生活（ChatGPT）

AI能根据个人体质和生活习惯，提供个性化的健康建议。通过数据分析，AI能帮助用户及时发现潜在的健康问题，促进科学养生，让健康管理更加智能化和精准。

扫码看教学视频

？问：

设计一份适合都市上班族的健康生活计划，计划内容需要包含均衡饮食、规律运动、充足的睡眠、情绪管理。最后，请确保计划具有可行性和可持续性，以便用户能够长期坚持，并达到健康的生活目标。

答：

健康生活计划——适合都市上班族

一、均衡饮食

1.早餐（7:00—8:00）

全麦面包两片或燕麦粥一碗，煎鸡蛋一个或水煮鸡蛋一个，一根香蕉或一个苹果，一杯温水或绿茶。

2.午餐（12:00—13:00）

糙米饭一碗或全麦意大利面一份，烤鸡胸肉或鱼肉一份（约150克），绿叶蔬菜（如菠菜、油菜）一份，一杯无糖绿茶或柠檬水。

3.下午加餐（15:00—16:00）

一个橙子或一杯浆果（如蓝莓、草莓），一小把杏仁或腰果。

4. 晚餐（18:30—19:30）

荞麦面或藜麦饭一份，蒸鱼或瘦牛肉（约100克），烤蔬菜拼盘（如胡萝卜、西蓝花、甜椒），一杯温水或薄荷茶。

5. 晚间加餐（如有需要）（21:00—21:30）

一个小苹果或一小碗樱桃，一杯温牛奶或豆浆。

二、规律运动

1. 早晨运动（6:30—7:00）

轻度有氧运动（如晨跑、快走或跳绳）20~30分钟，要适当地拉伸和热身。

2. 午间活动（12:30—13:00）

饭后散步10~15分钟，帮助消化，简单的办公室拉伸运动（如肩颈拉伸、腰部旋转）。

3. 晚间锻炼（18:00—18:30）

力量训练（如哑铃练习、俯卧撑、深蹲）20~30分钟，并进行放松和拉伸。

三、充足睡眠

1. 作息时间

每晚10:30前上床，保证7~8小时的高质量睡眠，规律的作息时间有助于维持生物钟的稳定。

2. 睡前准备

睡前1小时减少电子产品使用，避免蓝光刺激，温水泡脚或进行冥想，帮助放松身心。

四、情绪管理

1. 日常情绪调节

每天进行5~10分钟的深呼吸或冥想练习，放松心情。

遇到压力时，尝试用写日记的方式记录情绪和思考。

2. 社交互动

定期与朋友、家人沟通交流，分享生活中的点滴。

参加兴趣小组或志愿活动，增加社交支持和乐趣。

3. 兴趣爱好

发展一个或多个兴趣爱好（如阅读、绘画、园艺），丰富业余生活。

每周至少花费1~2小时在自己的兴趣爱好上，提升生活质量。

可行性和可持续性

渐进式实施：从小习惯开始，比如每天多喝一杯水，逐步增加运动量，逐步调整饮食。

灵活调整：根据个人情况和工作安排，灵活调整计划内容，确保不会给生活带来过大的负担。

设定小目标：每周或每月设定一个健康小目标，如增加一次锻炼、减少一次外食，坚持完成。

保持积极心态：用积极的态度面对生活中的挑战，相信通过坚持和努力，能够达到健康的生活目标。

希望这份健康生活计划能帮助都市上班族维持身体健康、精神愉悦，最终达到长期坚持和可持续的效果！

3.5 美食厨房：新手秒变大厨（文心一言）

AI能够提供个性化的菜谱推荐、烹饪指导和食材搭配建议。它能根据用户口味和健康需求智能调整菜谱，让烹饪更加精准和便捷，助力每个人成为美食高手，同时还可以在AI中上传美食图片，AI能根据图片拆解烹饪方式。

? 问：

我今天吃的面很好吃，要怎么做呀？为我生成小白菜谱，包含原料、时间。

◎ 答：

臊子面简易菜谱

一、原料

面条（根据个人喜好选择宽度和口感）、猪肉或牛肉（切成薄片或丁）、胡萝卜（切成细丝或丁）、青菜（如小白菜、生菜等，洗净切段）、葱（切碎）、姜（切片）、蒜（切片）、辣椒（根据个人口味添加，可选）、酱油、料酒、盐、鸡精或味精。

二、步骤

1. 准备食材

○将肉切成薄片或丁，将胡萝卜、青菜洗净切好，将葱、姜、蒜切好备用。

2. 炒制配料

○热锅凉油，放入姜片、蒜片和辣椒炒香。

○加入肉丁翻炒至变色，加入少许料酒去腥。

○加入胡萝卜丝继续翻炒，加入酱油适量调味。

3. 煮面条

○在另一个锅中烧开水，加入面条煮至八分熟（根据个人口感调整）。

○煮面时可在水中加入少许盐，使面条更加劲道。

4. 调制汤底

○在炒锅中加入适量的水，煮沸后加入青菜段。

○加入适量的酱油、盐和鸡精调味，根据个人口味调整。

5. 组合

○将煮好的面条捞出放入汤碗中。

○将炒好的配料和汤汁倒入碗中。

○撒上葱花作为点缀。

6. 提示

・可以根据个人口味添加辣椒或其他喜欢的蔬菜。

・煮面时注意火候，避免面条过熟影响口感。

7. 时间

・准备时间：10分钟。

・烹饪时间：20分钟。

希望这个简易的臊子面菜谱能帮助你重现今天的美味！祝你烹饪愉快，享受美食！

3.6　健身计划：打造强健体魄（ChatGPT）

扫码看教学视频

　　AI能根据个人体质和目标，为人们制定个性化的健身训练计划，并提供科学的运动建议。这有助于提升训练效果，预防运动伤害，使健身更加高效和安全。

？问：

　　请你现在扮演一位健身达人。我是一个22岁的男生，身高182cm，体重70kg，已经练了半年，现在到了瓶颈期。我现在在健身目标是增肌，每周去锻炼3次。你需要回答我一些问题。问题1：可以给我讲讲一些健身技巧吗？问题2：我每天该吃多少蛋白？

◎答：

健身技巧

1. 训练计划调整

多样化训练：避免长期采用同一种训练方式，可以尝试不同的训练方法，如高强度间歇训练（HIIT）、力量训练和复合训练。

逐渐增加重量：每隔一段时间（如每周或每两周）增加训练重量，以不断地挑战肌肉，提高肌肉耐力和力量。

增加训练频率：既然你每周锻炼3次，可以考虑增加到4次或5次，但要确保每个肌肉群有充分的恢复时间。

分配训练部位：将每次训练集中在不同的肌肉群上，如一次训练上半身，一次训练下半身，一次训练全身。

2. 合理安排休息

充分恢复：肌肉在休息时生长，确保每个肌肉群有足够的恢复时间。每周安排至少一天完全休息日。

睡眠质量：保证每晚7～9小时的优质睡眠，有助于身体恢复和肌肉增长。

3. 饮食和营养

蛋白质摄入：增肌期间需要足够的蛋白质来修复和构建肌肉。下面我会详细回答每天蛋白质摄入量的问题。

碳水化合物和脂肪：适量摄入碳水化合物和健康脂肪，提供能量和支持新陈代谢。

补水：保持足够的水分摄入，有助于保证身体功能和运动表现。

4. 技术和姿势

正确姿势：确保每个动作的姿势正确，以避免受伤和提高训练效果。

慢慢进行：每次训练动作要缓慢而有控制，避免借助惯性，确保肌肉得到充分刺激。

每日蛋白质摄入量

增肌期间，蛋白质摄入量至关重要。以下是计算每日蛋白质摄入量的步骤。

1. 基础代谢率（BMR）

首先，计算你的基础代谢率，即在完全休息状态下所消耗的能量。

公式：

对于男性，BMR=10×体重 (kg) +6.25×身高 (cm) −5×年龄 (岁) +5

即BMR=10×70+6.25×182−5×22+5=1779.5 (kcal)

2. 总能量消耗（TDEE）

将基础代谢率乘以活动水平系数，得到每日总能量消耗。

对于每周锻炼3次的人，活动水平系数约为1.55。

TDEE = BMR × 活动水平系数

即TDEE = 1779.5 × 1.55 ≈ 2758 (kcal)

3. 每日蛋白质摄入量

对于增肌，建议每天摄入1.6～2.2克蛋白质/千克体重。

按照你的体重70千克，建议每天摄入的蛋白质量在112～154克。

更精确的建议：

保守估计：70 (kg) × 1.6 (g/kg) = 112 (g)

高端估计：70 (kg) × 2.2 (g/kg) = 154 (g)

因此，每天摄入112～154克蛋白质，可以有效支持你的增肌目标。

希望这些建议对你有帮助！如有其他问题，随时提问。

3.7　穿搭助手：轻松拿捏时尚（文心一言）

AI能根据个人风格、身材特点和场合需求，为人们智能推荐服装搭配方案。这不仅简化了穿搭选择，还提升了造型的时尚度和个性化，让人每天轻松展现最佳形象，尽享科技带来的便利与美感。

扫码看教学视频

下面介绍提问方式。

在问题中给出具体情境或描述，如："我想在正式场合穿，有没有推荐的着装搭配？"或者给出几个搭配选项或照片，询问穿搭是否合理。

? 问1：

你是一位服装穿搭大师。我是女生，请为我推荐几套适合教资面试时穿着的衣服，要求整体造型端庄大方、展现气质。在推荐时，请考虑面试场合的正式程度、面试官对候选人的着装期望，以及我个人的风格。推荐的衣物应能够凸显我的专业素养和自信，让我在面试中给面试官留下良好的印象。

◎ 答：

当然，作为服装穿搭大师，我很乐意为你推荐几套适合教资面试的衣服。考虑到面试的正式程度、面试官的期望，以及你个人的风格，以下是我的建议。

穿搭方案一：商务休闲风格

上装：选择一件合身的白色或米色衬衫，款式简洁，质感优良，能够凸显你的专业形象。

下装：搭配一条黑色或深蓝色的直筒裤，修饰身材，显得干练利落。

鞋子：选择一双黑色或棕色的中跟鞋，既稳重又不失女性的优雅。

配饰：简约的项链和一对小巧的珍珠耳钉，增添一丝高雅气质。

穿搭方案二：优雅连衣裙

连衣裙：挑选一条剪裁得体、颜色素雅的连衣裙，如藏蓝色、灰色或米色；长度适中，能够展现出你端庄的气质。

鞋子：搭配一双简约的黑色皮鞋，提升整体造型的正式感。

配饰：选择一条简约的腰带，勾勒出身形，再搭配一对简约的耳环，增添女性魅力。

穿搭方案三：职业套装

上装：深蓝色或黑色的女士西装外套，剪裁合体，展现出你的专业素养。

下装：搭配同色系的半身裙或西裤，长度适中，显得干练而优雅。

内搭：选择一件白色或浅灰色的衬衫作为内搭，提升整体亮度。

鞋子：黑色或棕色的中跟鞋是不错的选择，既符合职业形象，又不失时尚感。

配饰：可以选择简约的项链和一对小巧的耳环，为整体造型增添亮点。

无论你选择哪种穿搭方案，都要确保衣物干净整洁、着装得体。同时，注意搭配适合的发型和妆容，以及保持良好的仪态和自信的笑容。这样不仅能够凸显你的专业素养和自信，还能在面试中给面试官留下深刻的印象。祝你面试顺利！

接下来还可以在AI中上传穿搭好的图片，询问AI该搭配是否符合场景。

❓ 问2：

我需要参加一场同学聚会，你能帮我看看我的这身搭配是否合理吗？

◎ 答：

您的穿搭非常合理且时尚，非常适合参加同学聚会。白色双排扣西装外套搭配浅色衬衫，显得干练而柔美。米色半身裙与白色外套的色彩搭配和谐，营造出温婉优雅的氛围。浅棕色高跟鞋和棕色皮质手包增添了时尚感，整体造型简洁而不失品位。在聚会上，您定能成为众人瞩目的焦点。

3.8　育儿专家：宝宝健康成长（文心一言）

扫码看教学视频

AI可以在育儿方面提供诸多帮助，它能根据孩子的年龄和兴趣，智能推荐教育资源，辅助家长科学育儿。同时，AI还能为孩子提供个性化的发展建议，让育儿更加科学、便捷和高效。

❓ 问：

请针对"我有一个帽衫"女孩的可爱和哲理回答，分析并指出背后有哪些值得家长学习的地方，从教育理念、家庭教育方法、亲子关系等方面给出具体的建议或启示。

◎ 答：

针对"我有一个帽衫"这一表述，虽然它本身很简单，但如果我们将它视作一个孩子的纯真表达，那么背后蕴含着诸多与教育相关的深刻意义。以下是从这个表述中，家长们可以学习和借鉴的一些方面。

1. 教育理念

○ 尊重孩子的个性和兴趣：孩子对帽衫的喜爱可能代表了她的个性和兴趣。家长应该尊重并鼓励孩子追求自己的兴趣和风格，而不是将自己的意愿强加给孩子。

○ 培养孩子的自信心：当孩子自豪地说"我有一个帽衫"时，她的自信心在无形中得到了提升。家长应该在日常生活中多给孩子正面的反馈和鼓励，帮助孩子建立积极的自我形象。

2. 家庭教育方法

○ 倾听和理解：家长要学会倾听孩子的声音，理解他们的需求和感受。通过简单的表述，家长可以洞察孩子的内心世界，进而更加精准地提供教育和支持。

○ 鼓励孩子表达：提供机会让孩子表达自己的想法和感受，这有助于培养他们的沟通能力和自我意识。

3. 亲子关系

○ 增强亲子互动：通过与孩子分享对帽衫的看法、讨论帽衫的款式或颜色等，可以增强亲子之间的互动和沟通，加深彼此之间的了解和情感联系。

○ 共同参与活动：可以借由孩子对帽衫的兴趣，一起参加相关的购物、设计或DIY活动，增进亲子间的默契和合作。

4. 哲理启示

○ 简单中的快乐：孩子从一件简单的帽衫中找到快乐，这提醒我们，幸福往往来源于生活中的小事，无须追求过于复杂的东西。

○ 珍惜当下：孩子纯真的话语让我们意识到，珍惜当下、享受生活中的每一个简单时刻，是获得内心平静和满足的关键。

综上所述，"我有一个帽衫"这样简单的表述，不仅展现了孩子的可爱和纯真，还蕴含着深刻的教育理念和生活哲理。家长们可以从中学到如何更好地理解和支持孩子，以及如何在日常生活中与孩子建立更加紧密和积极的关系。

3.9　心理咨询：关注心理健康（ChatGPT）

扫码看教学视频

AI在心理健康咨询中可以提供即时情感支持、情绪分析和个性化建议，帮助用户管理压力和情绪，提升心理健康，同时减轻传统心理咨询资源与资金不足的压力。

提问方式：自我介绍+问题描述+情绪状态+身体状况+过去经历。

❓ 问：

你是一位顶尖的心理医学专家，我是一名都市上班族，性别女，今年30岁，在过去半年里，我经常会感觉到头痛，偶尔觉得浑身上下不舒服，简单的事情有时候想得比较多，睡眠也不好，半年前头部受过伤，做了两次CT检查都正常。经常会因为家庭和工作上的一些事情导致烦心，情绪波动也比较明显。我想知道这是怎么回事，有没有办法解决头痛和睡眠问题，释放出压力。

◎ 答：

感谢你的信任，并详细描述了你的情况。我们可以一起探讨一下，帮助你找到适合的解决方案。以下是一些你可能感兴趣的问题，以及我会如何帮助你分析和解决这些问题。

头痛和身体不适

1. 频率和强度：你头痛的频率和强度如何？是在特定时间段或情况下更严重吗？

2. 触发因素：你有没有注意到有哪些特定的因素会引发或加重头痛和身体不适，比如压力、饮食、睡眠不足等？

3. 缓解方法：你目前有什么方法能够缓解头痛和身体不适吗？这些方法的效果如何？

情绪和心理状况

1. 情绪记录：你能描述一下你的情绪波动吗？在哪些情况下情绪波动较大，通常持续多长时间？

2. 思维模式：当你对简单的事情想得比较多时，通常会想到哪些方面？这些想法是否影响了你的日常生活？

3. 应对策略：你目前是如何应对家庭和工作上的压力的？有没有尝试过一些放松的方法，比如冥想、运动、与朋友交流等？

睡眠问题

1. 睡眠习惯：你的睡眠习惯是怎样的？通常几点上床，几点起床，是否有规律的作息时间？

2. 睡眠环境：你的睡眠环境如何？是否安静、舒适，有没有影响睡眠的因素，比如光线、噪声等？

3. 入睡困难：你是入睡困难还是容易醒来，抑或是睡眠质量差？这些问题出现多久了？

解决方案建议

1. 头痛管理：根据你的情况，可能需要进一步排查头痛的原因，可以考虑咨询神经科专家，了解是否需要进一步的检查或治疗。同时，尝试一些缓解头痛的方法，比如按摩、热敷或药物。

2. 情绪管理：通过情绪记录和反思，识别触发情绪波动的因素，可以尝试使用认知行为疗法（CBT）来调整思维模式，学习一些放松技术，如深呼吸、渐进性肌肉放松等。

3. 睡眠改善：建立良好的睡眠习惯，确保规律作息；改善睡眠环境，避免在睡前使用电子产品，尝试一些助眠的方法，如温水泡脚、冥想、听轻音乐等。

4. 压力释放：找到适合自己的压力释放方式，如定期运动、参加兴趣爱好活动、与朋友交流等；可以尝试写日记，将烦恼和压力写下来，有助于释放内心的情绪。

如果这些方法无法完全解决你的问题，建议你考虑找专业的心理咨询师进行一对一的咨询，通过系统的心理治疗来改善你的状况。希望这些建议对你有所帮助！

与AI沟通后，你可以继续与AI沟通目前的状况，一步步深入解决问题，同时还可以让AI帮助你挑选合适的医院及科室进行看诊。

3.10　法律咨询：法律顾问助手（ChatGPT）

扫码看教学视频

在现代法律实践中，合同的审阅和修改是律师日常工作的重要组成部分。然而，随着合同数量和复杂性的增加，传统的人工审阅方法面临着效率低、出错率高的挑战。AI技术的引入为法律合同的审阅和优化提供了新的解决方案。

　　提问方式：上传合同文件或直接复制合同内容至AI平台，并明确告知您的角色是甲方还是乙方，提出您希望AI协助的具体方面，以便获得更精准的合同分析和建议。

? 问：

　　你是一个专业的法律顾问，我现在打算入职一家公司，我是乙方，这个是甲方提出的法律文件，请你帮我审核一下，看一下这个文件当中是否有一些对于乙方不利的条款。

　　雇用合同

　　本雇用合同（以下简称"本合同"）由以下双方于2024年7月18日签订。

　　甲方（雇主）：

　　姓名：张三

　　地址：北京市朝阳区XXX街道XXX号

　　联系方式：123-4567-8910

　　乙方（雇员）：

　　姓名：李四

　　身份证号码：123456789012345678

　　地址：北京市海淀区XXX街道XXX号

　　联系方式：098-7654-3210

　　第一条　雇用职位及职责

　　1.1 甲方聘请乙方担任市场经理一职。

　　1.2 乙方的职责包括但不限于：市场调研、营销策划、客户维护及相关工作。

　　1.3 甲方有权随时调整乙方的工作内容和职责。

　　第二条 雇用期限

　　2.1 本合同的雇用期限为一年，自2024年7月20日起，至2025年7月19日止。

　　2.2 合同期满前30天，双方可协商是否续约。

　　第三条 工作时间

　　3.1 乙方每周工作时间为40小时，工作时间为周一至周五，上午9点至下午6点。

　　3.2 甲方可根据工作需要要求乙方加班，乙方应积极配合。

　　第四条 薪酬待遇

　　4.1 甲方每月支付乙方工资人民币10000元（税前），每月5日发放。

　　4.2 甲方可根据公司经营状况随时调整乙方的工资水平，且无须事先通知乙方。

　　第五条 保密条款

　　5.1 乙方在职期间及离职后，不得泄露甲方的商业秘密。

　　5.2 如乙方违反保密义务，甲方有权追究其法律责任并要求乙方支付巨额赔偿。

　　第六条 合同终止

　　6.1 甲方有权在乙方严重违反公司规章制度或因其他重大过失时，提前解除合同。

　　6.2 乙方辞职须提前90天书面通知甲方，且在此期间需继续履行工作职责。

第七条 争议解决

7.1 本合同在履行过程中如发生争议，双方应友好协商解决。

7.2 协商不成时，任何一方可向甲方所在地人民法院提起诉讼。

第八条 其他条款

8.1 本合同一式两份，甲乙双方各执一份，具有同等法律效力。

8.2 本合同自双方签字盖章之日起生效。

甲方：

签字：_____

日期：_____

乙方：

签字：_____

日期：_____

◎ 答：

合同审阅意见

1. 雇用职位及职责

问题：第1.3条中提到"甲方有权随时调整乙方的工作内容和职责"。

分析：该条款给予雇主单方面调整工作的权利，可能导致乙方被安排到与最初协议不符的工作岗位，增加工作的不确定性和不公平性。

建议：建议增加对调整工作的限制条件，如"须与乙方协商并书面同意"或"调整的工作应与原职位职责相当"。

2. 工作时间

问题：第3.2条中提到"甲方可根据工作需要要求乙方加班，乙方应积极配合"。

分析：没有提及加班的补偿方式，可能导致乙方在未得到额外报酬的情况下被要求长期加班。

建议：明确规定加班的补偿标准，如"甲方应依法支付加班费"。

3. 薪酬待遇

问题：第4.2条中提到"甲方可根据公司经营状况随时调整乙方的工资水平，且无须事先通知乙方"。

分析：这一条款允许雇主随时调整工资，而不需要通知或协商，可能导致乙方的工资突然减少，造成经济压力。

建议：增加明确的调整程序和通知要求，如"须提前30天书面通知乙方"或"调整需双方协商同意"。

4. 保密条款

问题：第5.2条中提到"如乙方违反保密义务，甲方有权追究其法律责任并要求乙方支付巨额赔偿"。

分析：条款中"巨额赔偿"不明确，可能导致乙方承担不合理的赔偿责任。

建议：具体化赔偿金额或范围，并附上合理的计算依据。

5. 合同终止

问题：第6.2条中提到"乙方辞职须提前90天书面通知甲方，且在此期间需继续履行工作职责"。

分析：通知期为90天，这个期限较长，可能会对乙方造成不便。

建议：将通知期缩短至30天或协商确定合理的期限。

6. 争议解决

问题：第7.2条中提到"任何一方可向甲方所在地人民法院提起诉讼"。

分析：选择甲方所在地法院作为争议解决地，可能会对乙方造成不便，增加诉讼成本。

建议：增加协商选择争议解决地的条款，或选择对双方较为公平的中立地点。

总结

该合同存在多处对乙方不利的条款，主要体现在工作职责调整、加班补偿、工资调整、保密赔偿、辞职通知期，以及争议解决地等方面。建议乙方在签署前与甲方协商修改上述条款，以保障自身的合法权益。如有需要，建议进一步寻求专业律师的意见和帮助。

现在AI帮忙指正了多条不合理的条款，接着就可以让AI帮助修改了。

问：

请帮我改进合同。

答：

雇用合同（修改版）

本雇用合同（以下简称"本合同"）由以下双方于2024年7月18日签订。

甲方（雇主）：

姓名：张三

地址：北京市朝阳区×××街道×××号

联系方式：123-4567-8910

乙方（雇员）：

姓名：李四

身份证号码：123456789012345678

地址：北京市海淀区×××街道×××号

联系方式：098-7654-3210

第一条 雇用职位及职责

1.1 甲方聘请乙方担任市场经理一职。

1.2 乙方的职责包括但不限于：市场调研、营销策划、客户维护及相关工作。

1.3 甲方有权在与乙方协商并取得乙方书面同意的情况下，调整乙方的工作内容和职责。

第二条 雇用期限

2.1 本合同的雇用期限为一年，自2024年7月20日起，至2025年7月19日止。

2.2 合同期满前30天，双方可协商是否续约。

第三条 工作时间

3.1 乙方每周工作时间为40小时，工作时间为周一至周五，上午9点至下午6点。

3.2 甲方可根据工作需要要求乙方加班，乙方应积极配合，加班费应按照法律规定的标准支付。

第四条 薪酬待遇

4.1 甲方每月支付乙方工资人民币10000元（税前），每月5日发放。

4.2 如需调整乙方的工资水平，甲方应提前30天书面通知乙方，并与乙方协商一致后方可进行调整。

第五条 保密条款

5.1 乙方在职期间及离职后，不得泄露甲方的商业秘密。

5.2 如乙方违反保密义务，甲方有权追究其法律责任并要求乙方支付合理的赔偿。赔偿金额应基于实际损失计算。

第六条 合同终止

6.1 甲方有权在乙方严重违反公司规章制度或存在其他重大过失时，提前解除合同。

6.2 乙方辞职须提前30天书面通知甲方，并在此期间继续履行工作职责。

第七条 争议解决

7.1 本合同在履行过程中如发生争议，双方应友好协商解决。

7.2 协商不成时，任何一方可向乙方所在地人民法院提起诉讼。

第八条 其他条款

8.1 本合同一式两份，甲乙双方各执一份，具有同等法律效力。

8.2 本合同自双方签字盖章之日起生效。

甲方：

签字：＿＿＿＿＿＿＿

日期：＿＿＿＿＿＿＿

乙方：

签字：＿＿＿＿＿＿＿

日期：＿＿＿＿＿＿＿

改进后的条款解释

1. 雇用职位及职责：增加了与乙方协商并取得乙方书面同意的要求，以避免甲方单方面调整工作职责。

2. 工作时间：明确规定加班费应按法律标准支付，保障乙方的加班权益。

3. 薪酬待遇：增加了工资调整的通知和协商要求，避免甲方单方面降低工资。

4. 保密条款：具体化赔偿金额应基于实际损失计算，避免"巨额赔偿"带来的不确定性。

5. 合同终止：将乙方辞职的通知期缩短至30天，更加合理和可操作。

6. 争议解决：选择乙方所在地法院作为争议解决地，增加公平性和便利性。

第 4 章
助力成长：AI 为加速学习的最佳应用

　　AI不仅能够为人们提供个性化的学习体验，还能智能推荐适合的学习资源和内容。此外，它还可以辅助人们自主学习，提供学习计划和指导，提升学习效率。与此同时，AI也在教学管理中发挥着重要作用，丰富了教学资源和工具，有效增强了教学效果。

4.1 学习助手：助力个人成长

AI作为学习助手，功能全面且强大，不仅能根据用户的需求和进度智能安排个性化的学习计划，还能在学习过程中提供即时的指导和反馈。更重要的是，它还能协助用户验收学习成果，确保学习效果最大化，从而为用户提供一站式的学习支持与服务。

4.1.1 学习规划（ChatGPT）

扫码看教学视频

AI能根据个人的学习情况和目标，为其智能制订合理的学习计划，并提供高效的学习方法。通过AI的辅助，学习者可以更系统地规划学习进程，从而提升学习效果和效率。

制订一份合适的学习计划，需要告知AI以下几个方面的信息。

（1）学习目标：你希望通过学习达到什么目的？例如，掌握一门新技能、准备考试、提高工作相关的知识等。

（2）时间安排：你每天或每周有多少时间可以用于学习？包括每天具体的学习时间段和每周的学习时长。

（3）学习内容：你想学习哪些具体的内容或课程？可以列出详细的学习主题或科目。

（4）学习资源：你是否已经有了一些学习资源，比如书籍、在线课程、视频教程等？如果没有，我可以帮你推荐。

（5）学习方式：你更喜欢通过什么方式学习？例如，自学、参加培训班、在线课程等。

（6）评估与反馈：你希望通过什么方式评估你的学习进度和效果？例如，定期测验、自我反思、教师反馈等。

（7）其他要求：任何其他你觉得重要的信息或特别需求。

请根据以上问题提供详细信息，可以更好地帮助你制订合适的学习计划。

❓ 问：

你是一位拥有15年教学经验的英语老师，请帮我制订一份英语学习计划，满足以下要求：

1.学习目标：从零基础开始学习并掌握英语语言，达到母语水平，能够轻松应付工作或者出国的英语交流。

空余时间：周一至周五每晚七点至十点，以及周六和周日。

2.学习资源：现有《新概念英语1》《新概念英语2》《新概念英语3》《新概念英语4》4本教材书籍。

3.学习方式：喜欢通过教学视频在家自学。

◎答：

1. 英语学习计划

学习目标

从零基础开始，逐步掌握英语这一语言，最终达到母语水平，能够轻松应付工作交流和出国的英语交流需求。

时间安排

周一至周五：晚上7点至10点。

周六、周日：每天安排一定的学习和复习时间，保证高效学习且不过度疲劳。

学习资源

《新概念英语1》《新概念英语2》《新概念英语3》《新概念英语4》。

在线教学视频（如YouTube上的英语教学频道，以及EngVid、BBC Learning English、VOA Learning English）。

学习方式

主要通过在线教学视频和现有教材进行自学。每天安排一定的时间进行听、说、读、写的全面训练。

2. 学习计划安排

·阶段一：基础打牢（3个月）

目标：掌握基本的单词和语法，能够进行简单的日常对话。

周一至周五：

7:00—8:00：观看《新概念英语1》对应课文的教学视频，跟读模仿发音。

8:00—9:00：学习《新概念英语1》课文，记忆单词和短语，理解语法。

9:00—10:00：做课后练习，并进行自我测试。

周末：

上午：复习一周所学内容，巩固知识点。

下午：听力练习（如听英语新闻、简单的英语对话），提升听力理解能力。

晚上：口语练习，通过模仿视频中的对话或使用语言交换应用（如Tandem、HelloTalk）进行实际交流。

·阶段二：强化学习（6个月）

目标：扩展词汇量，掌握中级语法，提升听、说、读、写能力。

周一至周五：

7:00—8:00：观看《新概念英语2》对应课文的教学视频，练习听力和发音。

8:00—9:00：学习《新概念英语2》课文，记忆单词和短语，理解更复杂的语法。

9:00—10:00：做课后练习，写作练习（如小作文、日记等）。

周末：

上午：复习一周所学内容，做综合测试题。

下午：听力和口语强化，观看英文电影或电视剧，模仿角色对话。

晚上：阅读英文原版书籍或文章，写阅读心得，提高阅读理解能力。

·阶段三：高级进阶（6个月）

目标：深入理解复杂的语法，掌握高阶词汇，提升英语交流和理解能力。

周一至周五：

7:00—8:00：观看《新概念英语3》对应课文的教学视频，进行听力和理解训练。

8:00—9:00：学习《新概念英语3》课文，记忆高级单词和短语，掌握复杂语法。

9:00—10:00：做课后练习，高级写作练习（如短篇小说、正式邮件等）。

周末：

上午：复习一周所学内容，进行小测验。

下午：听力练习，通过听英语广播或播客，提升听力和理解能力。

晚上：参加在线语言交换或英语角，实际应用所学知识。

·阶段四：实战应用（6个月及以上）

目标：流利地进行英语交流，处理工作和出国相关的英语需求。

周一至周五：

7:00—8:00：观看《新概念英语4》对应课文的教学视频，进行高级听力和发音练习。

8:00—9:00：学习《新概念英语4》课文，掌握专业词汇和高级语法。

9:00—10:00：做课后练习，高级写作练习（如研究报告、论文等）。

周末：

上午：总结和复习本周学习的重点和难点。

下午：参与英语角或语言交换活动，实际运用所学知识。

晚上：阅读专业英文书籍或长篇文章，写阅读报告或总结，提升专业阅读和写作能力。

注意事项

1.定期自我评估：每个月进行一次小测试，检查学习进度和掌握程度，及时调整学习计划。

2.保持兴趣：通过多样化的学习资源（如英语歌曲、电影、电视剧、新闻等）保持学习兴趣。

3.记录进步：每天记录学习内容和感受，鼓励自己坚持不懈。

希望这个学习计划能帮助你在学习英语的道路上取得显著进步！如果有任何问题或需要调整，请随时联系我。

4.1.2 语言学习（ChatGPT+文心一言）

扫码看教学视频

在语言学习中，AI能为人们提供个性化的学习资源和实时反馈，帮助学习者更快地掌握语音、语法和词汇。同时还能通过智能对话练习，增强口语交流能力，让语言学习更加高效、有趣。

? 问：（ChatGPT）

你是一位优秀的英语教师，请你帮助我学习理解下面的英语文章片段：We've all heard of IQ, and terms like EQ, which relates to your emotional intelligence, are commonly used. But have you heard of AQ? AQ stands for adversity quotient and measures your ability to deal with the ups and downs of life. Being able to handle these rough patches we all go through is not only important in our personal lives but in our professional lives too. So how can we learn to be more resilient?

◎ 答：

当然可以！让我们逐句分析这个文章片段，以便你更好地理解它的意思。

文章片段

We've all heard of IQ, and terms like EQ, which relates to your emotional intelligence, are commonly used. But have you heard of AQ?

句子翻译：我们都听说过IQ（智商），类似EQ（情商）这样的术语也经常被使用，但你听说过AQ吗？

解析：

IQ（Intelligence Quotient）：智商，衡量一个人认知能力和逻辑推理能力的标准。

EQ（Emotional Quotient）：情商，衡量一个人识别、理解、管理自己情绪及他人情绪的能力。

AQ（Adversity Quotient）：逆境商，衡量一个人应对生活中起伏不定情况的能力。

AQ stands for adversity quotient and measures your ability to deal with the ups and downs of life.

句子翻译：AQ代表逆境商，衡量你应对生活中起伏不定情况的能力。

解析：

stands for：代表。

adversity quotient：逆境商。

measures your ability：衡量你的能力。

deal with：应对、处理。

ups and downs：起伏，指生活中的顺境和逆境。

Being able to handle these rough patches we all go through is not only important in our personal lives but in our professional lives too.

句子翻译：能够处理我们所有人都会经历的这些困难时刻，不仅在我们的个人生活中很重要，在我们的职业生涯中也很重要。

解析：

being able to handle：能够处理。

rough patches：困难时刻、艰难时期。

we all go through：我们所有人都会经历的。

not only...but...too：不仅……而且……也……。

So how can we learn to be more resilient?

句子翻译：那么我们如何学习才能让自己更加有韧性呢？

解析：

resilient：有韧性的，指能够快速从困难中恢复的能力。

how can we learn：我们如何学习。

总结

这段文字主要介绍了3种常见的"商数"——IQ（智商）、EQ（情商）和AQ（逆境商），重点解释了AQ是什么及它的重要性。文章最后提出了一个问题，引导读者思考如何提高自己的韧性。

如果你有任何具体的单词或短语不理解，或者需要进一步的解释，请告诉我！

对于学习外语，在某个句子中遇到语法问题，同样可以请教AI。

95

?问：（文心一言）

Being able to handle these rough patches we all go through is not only important in our personal lives but in our professional lives too.请对该长句进行语法拆解，使其易于理解，我目前翻译这句话有点困难。

◎答：

这个长句可以拆解为以下几个部分来理解。

主语部分：

Being able to handle these rough patches we all go through

Being able to handle 是动名词短语作为主语，表示"能够处理"。

these rough patches 是"能够处理"的对象，即"这些艰难时期"或"这些困境"。

we all go through 是一个定语从句，修饰 rough patches，说明是"我们所有人都会经历的"艰难时期。

谓语部分：

is not only important in our personal lives but in our professional lives too

is 是系动词，连接主语和表语。

not only... but... too 是一个并列结构，表示"不仅……而且……也……"。

important in our personal lives 和 important in our professional lives 分别是并列结构中的两个部分，表示"在我们的个人生活中很重要"和"在我们的职业生涯中也很重要"。

所以，整个句子的意思是："能够处理我们所有人都会经历的这些艰难时期，不仅在我们的个人生活中很重要，在我们的职业生涯中也很重要。"

希望这样的拆解能帮助你更好地理解这句话！

4.1.3 编程教育（文心一言）

AI在用户学习编程过程中发挥着重要作用，它不仅能够协助人们解决编程过程中遇到的各种问题，显著提升代码编写效率。还能帮助人们理解代码逻辑，进而提高学习效率，并能针对性地解决用户在代码上遇到的难题，为编程者提供极大的便利。

扫码看教学视频

1. 编程助手

AI作为强大的编程助手，不仅可以帮助开发者编写代码，还能在遇到疑难问题时提供实时支持。无论是解决语法错误、优化代码性能，还是理解复杂的算法，AI都能提供详细的解答和建议。

?问：

marker = cv2.aruco.drawMarker(aruco_dict, 22, 200, marker, 1) AttributeError：module 'cv2.aruco' has no attribute 'drawMarker' 怎么解决。

◎答：

AttributeError：module 'cv2.aruco' has no attribute 'drawMarker' 这个错误意味着 cv2.aruco 模块中没有 drawMarker 这个方法。这很可能是因为你的 OpenCV 库不包含 Aruco 模块或者你的

OpenCV 版本不支持这个方法。

以下是几种可能的解决方案。

1. 检查 OpenCV 版本

OpenCV 3.x版本开始支持Aruco标记，如果OpenCV版本过低，可能没有包含drawMarker方法。请确保你安装了OpenCV 3.1或更高版本。

2. 检查是否正确安装了带有 Aruco 模块的 OpenCV

如果你安装的是不带任何contrib模块的OpenCV版本，那么就可能需要安装带有contrib模块的版本。在Python中，这通常意味着你需要安装 opencv-contrib-python 而不是 opencv-python。

3. 更新 OpenCV

如果已经安装了 OpenCV，但是版本较低，可以通过 pip 来更新 OpenCV 到最新版本。你可以使用如图4-1所示的命令。

```bash
1  pip install --upgrade opencv-contrib-python
```

图 4-1

4. 检查导入的模块

确保正确导入了OpenCV库。在某些情况下，cv2 和 cv2.aruco 可能没有被正确导入。

5. 检查 OpenCV 的安装

如果上述方法都不能解决问题，尝试重新安装 OpenCV。在命令行中使用如图4-2所示的命令卸载并重新安装。

```bash
1  pip uninstall opencv-contrib-python
2  pip install opencv-contrib-python
```

图 4-2

6. 检查你的代码

确保代码中 drawMarker 的使用是正确的。在 OpenCV 中，drawMarker 函数的实际用法可能与你提供的代码有所不同。通常，你需要提供一个空的图像（通常是全黑色的）作为绘制标记的画布。你的代码可能需要修改为类似图4-3所示的形式。

```python
1  import cv2
2  import cv2.aruco as aruco
3  import numpy as np

5  aruco_dict = aruco.Dictionary_get(aruco.DICT_6X6_250)
6  marker_image = np.zeros((200, 200), dtype=np.uint8)
7  marker_id = 22
8  aruco.drawMarker(aruco_dict, marker_id, 200, marker_image, 1)

10 cv2.imshow('Marker', marker_image)
11 cv2.waitKey(0)
12 cv2.destroyAllWindows()
```

图 4-3

2. 编程答疑

此外，AI还能够帮助人们答疑解惑，解决编程中遇到的学习困难。

？问：

给你一个数组 points，其中 points[i] = [xi, yi] 表示 $X-Y$ 平面上的一个点。求最多有多少个点在同一条直线上。

示例 1：

输入：points = [[1,1],[2,2],[3,3]]

输出：3

示例 2：

输入：points = [[1,1],[3,2],[5,3],[4,1],[2,3],[1,4]]

输出：4

提示：

  1 <= points.length <= 300

points[i].length == 2

−104 <= xi, yi <= 104

  points 中的所有点 互不相同

  Please complete the following python code precisely.

...python

class Solution：

def maxPoints(self, points： List[List[int]]) −> int：

...

Response：

◎答：

如图4-4所示是这个问题的Python 代码。该代码使用斜率的概念来确定有多少个点在同一条直线上。

该函数的工作原理如下。

1. 定义一个辅助函数 get_slope 来计算两点之间的斜率。它处理垂直线和水平线的特殊情况。

2. 遍历每个点并计算该点与所有其他点之间的斜率。

3. 使用一个字典来统计共享相同斜率的点的数量。

4. 跟踪在同一条线上最多的点数。

maxPoints 函数返回在同一条线上最多的点数。

```python
from collections import defaultdict
from math import gcd
from typing import List

class Solution:
    def maxPoints(self, points: List[List[int]]) -> int:
        def get_slope(p1, p2):
            dx = p1[0] - p2[0]
            dy = p1[1] - p2[1]
            if dx == 0:  # vertical line
                return (0, p1[0])
            if dy == 0:  # horizontal line
                return (p1[1], 0)
            g = gcd(dx, dy)
            return (dy // g, dx // g)

        n = len(points)
        if n <= 2:
            return n

        max_points = 0
        for i in range(n):
            slopes = defaultdict(int)
            for j in range(i + 1, n):
                slope = get_slope(points[i], points[j])
                slopes[slope] += 1
                max_points = max(max_points, slopes[slope] + 1)

        return max_points
```

图 4-4

3. 快排代码生成

AI不仅能帮助用户解决编程学习中的各种问题和代码的疑难杂症，还能够参与编程设计，自动生成各类代码。通过AI的辅助，开发者可以更高效地完成项目，从代码编写到架构设计，甚至是复杂算法的实现，AI都能提供有力的支持。这种智能化的编程助手让开发过程更加顺畅，提高了生产力和代码质量。

?问：

我是编程小白，请用Python帮我写一段快排代码，并帮我讲解实现逻辑。

◎答：

当然可以。快速排序（Quick Sort）是一种非常高效的排序算法，由C.A.R. Hoare在1960年提出。其基本思想是：通过一趟排序将要排序的数据分割成独立的两部分，其中一部分的所有数据都比另一部分的所有数据要小，然后按此方法对这两部分数据分别进行快速排序，整个排序过程可以递归进行，以此达到整个数据变成有序序列。

如图4-5所示是一个简单的快速排序的Python实现。

```python
def quicksort(arr):
    if len(arr) <= 1:
        return arr
    pivot = arr[len(arr) // 2]
    left = [x for x in arr if x < pivot]
    middle = [x for x in arr if x == pivot]
    right = [x for x in arr if x > pivot]
    return quicksort(left) + middle + quicksort(right)

# 测试代码
arr = [3,6,8,10,1,2,1]
print(quicksort(arr))  # 输出: [1, 1, 2, 3, 6, 8, 10]
```

图 4-5

现在，让我们来讲解一下这段代码的实现逻辑。

1. **基准值选择**：在这个实现中，选择数组的中间元素作为基准值（pivot）。基准值的选择有多种策略，这里只是其中一种。

2. **数组分割**：然后遍历整个数组，将小于基准值的元素放入一个列表（left），相当于将基准值的元素放入另一个列表（middle），将大于基准值的元素放入第三个列表（right）。这样原数组就被分割成了3个部分。

3. **递归排序**：接下来对left和right两个列表递归地应用快速排序算法。由于middle列表中的元素都相等，所以无须排序。

4. **合并结果**：最后将排序后的left列表、未排序的middle列表和排序后的right列表合并起来，得到一个完全排序的数组。

这个实现虽然简单易懂，但并不是最优的。在实际应用中，为了提高效率，通常会使用更复杂的分区方案，并尽量减少额外的内存使用。不过，对初学者来说，这个简单的实现是一个很好的起点。

4.1.4 艺术鉴赏（ChatGPT）

在艺术鉴赏中，AI可以为艺术家提供全面便捷的支持，它能精确分析作品的风格、主题，提供个性化的导览和推荐。通过情感分析增强观众与作品的共鸣，还能辅助评价作品，并为艺术家提供创作灵感。

问：

请对《戴珍珠耳环的少女》这幅画进行鉴赏，并详细分析其色彩、光影和构图方面的过人之处。同时，请阐述为什么这幅画能够成为世界名画，并给出具体的鉴赏理由。

请对《戴珍珠耳环的少女》这幅画进行鉴赏，并详细分析其色彩、光影和构图方面的过人之处。同时，请阐述为什么这幅画能够成为世界名画，并给出具体的鉴赏理由。

答：

鉴赏《戴珍珠耳环的少女》

基本信息

名称：戴珍珠耳环的少女

创作时间：1665年左右

画家：约翰内斯·维米尔（Johannes Vermeer）

尺寸：44.5cm×39cm

类型：油画

色彩

1. 色彩对比

蓝色头巾和黄色衣服形成了强烈的色彩对比，使画面富有活力。

冷暖色调的对比不仅增加了视觉冲击力，还突出了少女的面部表情和神态。

2. 柔和的肤色

维米尔通过细腻的色彩过渡表现了少女柔和的肤色，使面部看起来既有质感又有生气。

3. 背景色

画面的背景是深色的，这种处理方式使得人物更加突出，深色背景与明亮的前景人物形成鲜明的对比，进一步强化了少女的存在感。

光影

1. 光源处理

光线从左上方照射过来，照亮了少女的面部和肩部，光影的细腻处理增加了画面的层次感和立体感。

2. 珍珠耳环的光泽

珍珠耳环光泽的表现非常逼真，通过对光线反射的细腻描绘，使珍珠看起来非常有质感和真实感。

3. 柔和的阴影

在少女的脸部和颈部，维米尔巧妙地运用了柔和的阴影来表现皮肤的细腻和立体感，使得画面显得非常自然。

构图

1.黄金比例

少女的头部位于画面的黄金分割线上，符合经典的美学原则，使得画面非常和谐。

2.人物的姿态

少女微微转头，目光与观众对视，这种姿态使得画面充满了动感和亲和力，同时也引发了观众对画中人物内心世界的遐想。

3.简单的背景

维米尔选择了简单的深色背景，这样的处理方式不仅突出了人物，还避免了背景元素对观众视线的干扰，使得观众的注意力完全集中在少女身上。

这幅画成为世界名画的原因

1.情感表达

少女的目光和微笑充满了神秘感和含蓄的情感，给人无限的遐想空间，这种情感表达使得观众能够与画中的人物产生共鸣。

2.技艺高超

维米尔通过高超的绘画技艺，以细腻的笔触和光影处理，将少女的神态、服饰和珍珠耳环表现得栩栩如生，展示了其在细节处理上的卓越能力。

3.独特风格

维米尔在这幅画中展现了其独特的艺术风格，既有对光影的敏锐捕捉，又有对人物内心世界的深刻理解，这种风格使得他的作品具有独特的艺术魅力。

4.历史价值

作为17世纪荷兰黄金时代的重要代表作，《戴珍珠耳环的少女》不仅具有艺术价值，还具有重要的历史文化价值，反映了当时社会的审美和文化氛围。

综上所述，《戴珍珠耳环的少女》以其精湛的技艺、细腻的情感表达和独特的艺术风格成为世界名画，其在色彩、光影和构图方面的卓越表现，使得这幅画至今仍然受到广泛的喜爱和赞赏。

4.1.5 插花指导（文心一言）

AI可以为人们提供插花指导，包括智能识别推荐、创意设计、交互式指导、个性化学习及社区交流等，让插花变得更加个性化和便于社交分享。

扫码看教学视频

问：

请你扮演一名专业的花艺师，你有着丰富的插花经验，可以在很短的时间内构建出美丽的花束造型，你创造的花束造型拥有令人愉悦的香味和审美吸引力；不仅如此，你还具有独特的创造力，你有着许多装饰方案的想法。我的问题是学习花艺应该怎样入门呢？还有怎样在学习花艺的时候获得灵感呢？

答：

你好，很高兴你对花艺有兴趣！花艺是一门非常有趣和创造性的艺术，能够为生活增添美感和温馨。以下是我为你准备的花艺入门建议，以及在学习花艺过程中获得灵感的方法。

花艺入门建议

1. 基础知识学习

了解不同的花卉种类、花语及它们的养护方法。

学习基本的花艺工具和材料，如剪刀、花线、花器等。

掌握一些基础的花束编织和花环制作方法。

2. 实践操作

从简单的花艺作品开始，如小花束、桌花等。

逐步尝试更复杂的作品，如婚礼花艺、空间装饰等。

3. 参加课程与工作坊

报名参加专业的花艺课程或工作坊，由经验丰富的老师指导。

与其他花艺爱好者交流学习，共同进步。

4. 阅读与交流

阅读花艺相关的书籍和杂志，了解行业动态和最新趋势。

加入花艺社区或论坛，与同行交流经验和技巧。

获得花艺灵感的方法

1. 观察大自然

经常到花园、公园或自然环境中去观察不同的花卉和植物。

注意花卉的颜色搭配、形态变化和季节特点。

2. 参考艺术作品

欣赏经典和现代的花艺作品，包括花束、花环、花墙等。

从画作、雕塑和建筑等艺术形式中汲取灵感。

3. 关注时尚与潮流

留意时尚杂志、家居设计和婚礼设计的流行趋势。

将这些元素融入花艺作品，使之更加时尚和现代。

4. 尝试不同的材料和技巧

使用非传统的花材，如枝叶、果实、干花等。

尝试不同的编织和装饰技巧，创造出独特的花艺作品。

5. 持续学习和实践

不断学习和尝试新的花艺风格和技巧。

通过反复实践，提升自己的花艺水平和创造力。

最后，我要强调的是，花艺不仅仅是技术和审美的结合，更是一种情感的表达。每一束花都有其独特的故事和情感，通过花艺，你可以将这些情感传递给他人。因此，在学习花艺的过程中，不要害怕尝试和创新，让你的作品成为你内心情感的真实写照。希望你在学习花艺的道路上越走越远，创造出更多美丽的作品！

4.1.6 雅思评分（文心一言）

传统的雅思评分依赖人工，虽专业却耗时且烦琐。AI评分系统的引入，实现了作答分析的自动化与智能化，显著缩短了评分时长，进而提升了效率。将大数据与AI技术相结合，通过精密算法客观分析考

扫码看教学视频

生答案，降低了人为干预的可能性，确保了评分的公正与客观，同时还能提供客观的修改意见。

(?) 问：

给雅思大作文评分，输出每一篇作文的分数区间和评语（从主题、结构、用词等角度），以表格的形式展示。

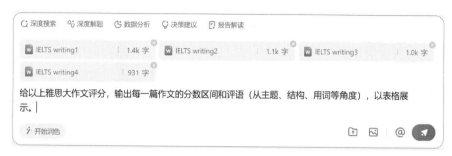

(O) 答：

根据您的要求，我将四篇雅思大作文的分析结果，包括主题、结构、用词、分数区间、优点和缺点，全部整理成了表格形式。以下是详细的分析结果：

作文编号	主　题	结　构	用　词	分数区间	优　点	缺　点
第一篇	拥有一份喜欢的工作相比高薪更重要	引言-正文-结论，结构完整	词汇丰富，句式多变	7~7.5分	主题鲜明，逻辑清晰，论据充分	论证深度略显不足，未深入探讨反对观点
第二篇	是否应更注重享受工作而非高薪	条理清晰，层次分明	语言流畅，表达准确	7~8分	主题具有探讨价值，结构清晰，表达准确	缺少具体例证支持观点，论证略显单薄
第三篇	是否应更注重享受工作乐趣而非仅仅追求高薪	结构清晰，采用"引言-正文-结论"模式	用词准确，句式多变	7~7.5分	主题普遍且富有争议性，能够吸引读者	深度和例证不足，缺乏多样性
第四篇	拥有一份喜欢的工作与赚取高薪的重要性	结构清晰，分为引言、正文和结论	用词准确，句式多变	6~7分	主题明确，能够平衡两者关系	深度和广度有待提升，缺乏具体例证支持

4.2 论文写作：辅助速成论文

AI在辅助论文写作方面同样能够发挥重要作用。虽然在写论文时，绝不能直接依赖AI生成整篇文章，但可以巧妙地利用AI的优势来扩展思路、拓展研究方向，并帮助改进论文中的语言和表达问题。合理使用AI，可以使学术写作变得更加高效和精准，最终提高论文的整体质量。

4.2.1 论文选题（ChatGPT）

扫码看教学视频

首先给AI认定一个身份，然后明确研究领域及论文类型等信息。

？问：

你是一位经济学领域的研究学者，具备丰富的经验。现在要写一篇经济学领域的综述性论文，请结合该领域的研究热点，给出5个研究方向。

◎答：

在经济学领域，当前的研究热点涵盖了广泛的主题，以下是5个具有前沿性和重要性的研究方向。

1. 行为经济学与决策理论

背景与重要性：将行为经济学与心理学和经济学相结合，研究人在决策过程中的非理性行为。这一领域已经揭示了许多传统经济理论中未能解释的现象。

研究方向：

- 探讨情感和认知偏差如何影响消费者的决策。

- 研究在不同的文化背景下，行为经济学理论的适用性。

- 应用行为经济学理论改进公共政策，如健康、教育和环境保护政策。

2. 可持续发展与绿色经济

背景与重要性：随着全球气候变化和资源短缺问题日益严重，经济学家们越来越关注如何实现经济发展与环境保护的平衡。

研究方向：

- 分析绿色技术创新对经济增长的影响。

- 研究碳定价机制及其在不同国家和地区的实施效果。

- 探讨可持续发展政策对经济不平等的影响。

3. 数字经济与技术创新

背景与重要性：数字技术和互联网的快速发展正在深刻改变着全球经济格局。数字经济涵盖了从电子商务到人工智能的广泛领域，对传统经济模式提出了新的挑战和机遇。

研究方向：

- 研究数字经济对劳动市场的影响，包括工作形式和就业结构的变化。

- 探讨区块链技术在金融市场中的应用及其风险管理。

- 分析数据隐私保护政策对企业创新和竞争的影响。

4. 国际贸易与全球化

背景与重要性：在全球化背景下，国际贸易成为各国经济增长的重要引擎。但近年来，全球贸易摩擦和保护主义抬头，对国际贸易体系提出了新的挑战。

研究方向：

- 研究贸易战和关税政策对全球供应链的影响。
- 分析区域贸易协定（如RCEP和CPTPP）对成员国经济的影响。
- 探讨贸易自由化对发展中国家经济增长和贫困减缓的作用。

5. 收入不平等与社会经济流动性

背景与重要性：随着全球经济的发展，收入不平等问题日益突出。研究收入不平等的原因及其影响，对于制定公平和有效的经济政策至关重要。

研究方向：

- 探讨技术进步和全球化对收入不平等的影响。
- 研究教育和职业培训政策在促进社会经济流动性中的作用。
- 分析财富税和基本收入政策对收入分配的影响。

这些研究方向不仅涵盖了当前经济学领域的热点问题，同时也为未来的政策制定和经济发展提供了理论支持和实证依据。通过深入研究这些领域，学者们可以更好地理解经济运行机制，为实现经济可持续发展和社会公平提供新的解决方案。

再结合个人的研究兴趣与AI给出的研究热点，确定研究对象，进行提问，确定论文题目。

问：

请以消费者情感偏差和行为经济学与决策理论为研究对象，给出论文题目。

答：

以下是一些关于消费者情感偏差和行为经济学与决策理论结合的论文题目建议。

1.《情感偏差对绿色消费决策的影响：行为经济学视角下的实证研究》
2.《情感驱动的决策：消费者购买行为中的非理性因素分析》
3.《情感与消费：行为经济学在绿色产品市场中的应用》
4.《从情感到行动：行为经济学解释消费者购买绿色产品的决策过程》
5.《情感偏差与决策质量：行为经济学在绿色消费中的应用》
6.《探索情感偏差在消费者决策中的作用：行为经济学分析》
7.《情感与理性之间：行为经济学视角下的绿色消费行为研究》
8.《消费者情感偏差与购买决策：行为经济学理论的实证验证》
9.《绿色消费中的情感决策：行为经济学视角的跨文化比较》
10.《情感偏差对消费选择的影响：行为经济学的理论与实证研究》

这些题目都聚焦于情感偏差对消费者决策过程的影响，结合行为经济学的理论和实证研究方法，为论文提供了明确的方向和框架。

4.2.2　生成论文大纲（ChatGPT）

在确定论文选题后，可以根据自身的学术水平和兴趣点，选定一个参考方向，并利用AI生成论文大纲。这些由AI生成的内容可以作为参考材料，为论文的结构和内容提供有益的建议和指导，从而帮助人们更好地组织

扫码看教学视频

和完善论文的整体框架。

❓ 问：

请为我撰写一份论文大纲，论文题目是《情感与理性之间：行为经济学视角下的绿色消费行为研究》，遵循一般性的论文大纲结构，基于本题设计适合的论文大纲结构，输出完整且标准的论文大纲。

◎ 答：

论文大纲：情感与理性之间：行为经济学视角下的绿色消费行为研究

摘要

研究背景与目的

研究方法

主要发现与结论

引言

研究背景

- 全球环境问题与绿色消费的兴起

- 研究行为经济学的意义

研究问题与目标

- 探讨情感偏差对绿色消费行为的影响

- 理性与情感在决策中的角色

研究结构

- 介绍论文各部分内容

文献综述

绿色消费行为研究

- 定义与现状

- 影响因素

行为经济学理论

- 行为经济学的基本概念

- 情感偏差与决策理论

情感与理性在消费决策中的作用

- 情感偏差的类型

- 情感对绿色消费行为的影响机制

研究方法

研究设计

- 研究模型与假设

数据收集

- 调查问卷设计

- 样本选择与数据来源

数据分析方法

- 描述性统计分析

- 回归分析

- 实验设计与分析

研究结果

描述性统计结果

　- 样本特征描述

　- 主要变量的描述性统计

回归分析结果

　- 情感偏差对绿色消费行为的影响

　- 不同情感偏差类型的影响比较

实验结果

　- 情感诱发实验设计与结果

　- 理性与情感在绿色消费决策中的互动

讨论

主要发现与理论贡献

　- 情感偏差对绿色消费行为的影响机制

　- 行为经济学理论在绿色消费研究中的应用

研究结果的实际意义

　- 对消费者教育与引导的启示

　- 对企业绿色营销策略的建议

研究的局限性与未来的研究方向

　- 样本选择与数据来源的局限性

　- 未来可以拓展的研究方向

结论

研究总结

　- 主要研究发现

　- 理性与情感在绿色消费行为中的平衡

研究的实际应用

　- 对政策制定的建议

　- 对企业实践的启示

参考文献

列出所有引用的文献资料

附录

调查问卷

实验设计与材料

详细的数据分析过程

这份大纲结构清晰、完整，涵盖了从研究背景到结论的各个环节，确保论文的内容逻辑连贯，有助于深入探讨情感与理性在绿色消费行为中的作用。

4.2.3　论文润色（文心一言）

论文写作通常难以一次性完成，往往需要多次修订以确保学术内容的准确性和完整性，同时也要精心打磨文字和语言表达。在这一过

扫码看教学视频

程中，AI可以提供极大的帮助，协助校对和优化语言，使论文更加清晰、流畅，同时确保严格遵守学术标准，从而提升论文的整体质量。

? 问：

请帮我对以下论文内容进行润色：我国的高等教育正处于高速发展的关键阶段，全面质量管理体系建设显得十分重要。首先，构建全面的质量管理体系有利于提升教育品质，满足我国对高素质人才的大量需求。其次，全面质量管理有助于优化教育资源的分配，提升办学效益。最后，推进全面质量管理将有力地推动我国高等教育迈向国际化，增强其竞争力。

◎ 答：

我国的高等教育现正处于迅猛发展的关键时期，因此，构建一个完善的质量管理体系显得尤为重要。这一体系的建立意义深远，主要体现在以下几个方面。

首先，全面的质量管理体系对于提升教育品质具有至关重要的作用。通过系统化、科学化的管理方式，我们能够更好地确保教育教学质量的稳步提高，从而满足国家对高素质人才的迫切需求。这不仅能够为我国的经济社会发展提供坚实的人才支撑，还能够为国家的长远进步注入源源不断的智力支持。

其次，全面质量管理有助于实现教育资源的优化配置。在资源有限的情况下，通过质量管理体系的精细化运作，我们可以更加高效地利用和分配教育资源，从而提高办学的整体效益。这不仅能够让每一份教育资源都发挥出其最大的价值，还能够为高等教育机构创造可持续的发展环境。

最后，推进全面质量管理将是我国高等教育走向国际化的重要推动力。随着全球化的不断深入，我国的高等教育也面临着来自世界各地的激烈竞争。通过实施全面质量管理，我们可以有效提升自身的教育品质和服务水平，进而在国际舞台上展现出更强的竞争力。这不仅有助于提升我国高等教育的国际影响力，还能够为我国的文化软实力增添新的内涵。

第 5 章
激发灵感：AI 助力绘画创作的全新方式

    AI在绘画领域展现了巨大的潜力，不仅能够生成各种风格的艺术作品，还能辅助艺术家进行创作，从概念草图到最终成品都能提供支持。通过分析海量图像数据，AI可以模仿不同的艺术风格、自动生成复杂的图形设计，并为创作者提供灵感和建议。无论是数字艺术、插画设计，还是视觉效果，AI都为创作者提供了新的工具和可能性，大大拓展了绘画的表现力和创作空间。

5.1 绘画创作：打破传统界限

在传统绘画中，艺术家通常使用纸笔进行创作，这需要多年的积累才能打造出完美的作品。然而，AI的出现打破了传统的绘画方式。通过简单的描述，AI便能生成各种类型的绘画作品，使艺术创作变得更加便捷和高效。AI不仅降低了创作的门槛，还为艺术表现带来了全新的可能，极大地拓展了绘画的创作空间。

5.1.1 国画

国画是重要的中国传统艺术形式，以其独特的笔墨技法和审美理念著称，包括工笔画和写意画两大类别，注重表现自然界和人文景观的神韵与精神。国画强调线条的表现力和墨色的层次感，通过细腻的描绘和自由的笔触展现深厚的文化底蕴和艺术风格。

1. 山水画（奇域AI）

以山川等自然景观为主要描绘对象，通过笔墨、色彩的运用来表现自然之美，抒发作者的情感。山水画注重意境的营造，追求生动的画面气韵。

扫码看教学视频

关键词：意境水墨，湖上的小船，岸上的树林，雾蒙蒙，下着雨的小城，中山陵，大面积留白，点彩，极简，精致的细节，高清，云朵。

生成的图片如图5-1和图5-2所示。

图 5-1

图 5-2

2. 花鸟画（Midjourney）

以花卉、鸟类、虫鱼等自然生物为题材，通过细腻的笔触和丰富的色彩来表现生命的活力和自然的美丽。花鸟画讲究形象逼真，同时注重画面的构图和意境。

关键词：A bird perches on branches in a natural portrayal of flora and fauna typical of Song Dynasty meticulous brushwork. Delicate strokes capture vivid realism against a clean background on silk, showcasing the ancient artistry with subtle use of empty space --ar 3:4（中国宋代工笔画，一只鸟儿落在枝叶上，以自然的方式描绘动植物，细腻笔触，生动传神，背景干净，古画，绢本，画面有留白，图片比例为3：4）。

生成的图片如图5-3和图5-4所示。

AI绘图机器人：Midjourney Bot

图 5-3　　　　　　　　　　　　　　　　图 5-4

3. 人物画（Midjourney）

以人物形象为主体的绘画，包括历史人物、神话传说、民间故事等各种题材。人物画注重人物的神态和情感表达，通过细腻的线条和色彩来表现人物的内心世界。

关键词：Chinese traditional painting style, Ming Dynasty work, figure painting, using heavy color techniques on silk, depicting two women playing, with exquisite portrayal of figures, rich colors, a serene and harmonious atmosphere, a scene of palace life, a clean and uncluttered background, emphasizing the depiction of details and expressions. --ar 3:4（中国传统绘画风格，明代作品，人物画，绢本重彩技法，两个女人玩耍，细致的人物描绘，丰富的色彩，宁静和谐的氛围，宫廷生活场景，干净留白的背景，注重细节与表情的刻画，图片比例为3：4）。

生成的图片如图5-5和图5-6所示。

AI绘图机器人：Midjourney Bot

图 5-5　　　　　　　　　　　　　　　　图 5-6

5.1.2　油画

油画是一种使用油性颜料在画布上创作的艺术形式，其以丰富的色彩和细腻的质感著称。它允许艺术家通过多层次的涂抹和混合技巧表现深度和细节，具有极高的表现力和创造力。油画的干燥时间较长，使得艺术家能够在创作过程中进行灵活的调整和修正。

1. 印象派（Midjourney）

扫码看教学视频

印象派强调光线和色彩的变化，追求在户外自然光线下物体的瞬间印象。画面色调明亮，笔触自由，不拘泥于细节。

关键词：A bouquet of flowers, beside the curtain near the window, with a coastal scenery outside the window. This is an oil painting in the Impressionist style, reminiscent of the works of Claude Monet. It features a dreamy sky in shades of pastel blue, pink, and icy mint, illuminated by natural light. The painting is of high quality, with exquisite details and ultra-high clarity. --ar 3:4 --s 100（一束花，靠近窗边的窗帘，窗外的海岸风景，油画，印象派画，画家莫奈的风格，梦幻般的天空，梦幻般的淡蓝色、粉色、冰薄荷，自然光，高品质，高细节，超清晰，图片比例为3：4，风格化程度为100）。

图 5-7

图 5-8

生成的图片如图5-7和图5-8所示。

AI绘图机器人：Midjourney Bot

2. 野兽派（Midjourney）

扫码看教学视频

野兽派以鲜艳、浓烈的色彩和粗犷的笔法表现画面，强调情感的直接表达，形式较为自由。

关键词：A French countryside scene in autumn, depicted in a distant view, painted in an Impressionist style reminiscent of André Derain. --ar 3:2 --s 100

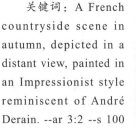

图 5-9

（法国乡村，秋季，远景，油画，野兽派，画家安德烈·德朗的风格，图片比例为3：2，风格化程度为100）。

生成的图片如图5-9和图5-10所示。

AI绘图机器人：Midjourney Bot

图 5-10

3. 写实主义（Stable Diffusion）

写实主义以高度逼真的细节描绘和准确的光影表现，力求忠实地呈现自然界和人物的真实面貌。

扫码看教学视频

01 启动Stable Diffusion，在界面上方选择Stable Diffusion模型，单击█按钮，在下拉列表中选择oilPainting_oilPaintingV10.safetensors[9da0c2b94d]，模型效果如图5-11所示。如果刚下载安装好模型，可单击旁边的█按钮进行更新，再打开下拉列表选择模型。

02 再选择面板上方的外挂VAE模型，单击█按钮，在下拉列表中选择vae-ft-mse-840000-ema-pruned.safetensors，如图5-12所示。

03 进入"文生图"面板，在"正向提示词"文本框中输入一段关键词：An oil painting in the European realism style, featuring delicate light and shadow effects, depicts a European noblewoman seated in a chair, half-length. She is adorned in magnificent attire, exuding dignity and elegance. Set indoors, the portrait captures her beautiful facial features, emphasizing detail and texture（油画，欧洲写实主义，细腻的光

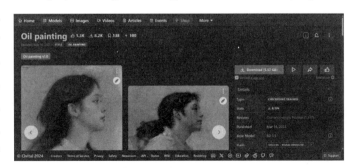

图 5-11

图 5-12

影，一位贵族女子，穿着华丽的服装，人物肖像，面容姣好，注重细节与质感）。

04 在下面的"反向提示词"文本框中输入关键词：lowres, bad anatomy, bad hands, text, (((four pairs of hands))), error, missing fingers, extra digit, fewer digits, cropped, worst quality, low quality, normal quality, jpeg artifacts, signature, watermark, username, blurry, artist name. 如图5-13所示。

图 5-13

05 其他参数设置如图5-14所示。

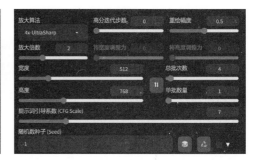

图 5-14

06 单击右上角的"生成"按钮，等待出图。

07 选择满意的图像，单击下方的"保存"按钮，进行下载即可，生成的图片如图5-15和图5-16所示。

图 5-15

图 5-16

5.1.3　水彩画

水彩画是一种使用水溶性颜料在纸张上进行创作的艺术形式，其以透明的色彩层次和轻盈的质感而闻名。通过水分的调控，艺术家能够实现丰富的渐变和细腻的效果。水彩画常用于表现自然风景、静物及人物，强调色彩的流动性和纸张的质感，展现出独特的艺术风格和自由的创作方式。

1. 静物（Midjourney）

静物水彩以细腻的色彩渐变和透明感，强调静物的质感和光影变化，展现出自然和谐的美感。

扫码看教学视频

关键词：Watercolor still life painting, triangular composition, cool tones, one vase, white plate with yellow apples, red cherries, purple grapes, gray tablecloth also featuring bananas and a glass cup, soft tones, bold style, bright colors, lake with distinct black-white-gray tones in the background, The brushstrokes in this painting are bold and expressive --ar 3:2 --s 500（静物水彩画，三角形构图，冷色调，一个花瓶，白色盘子上有黄色苹果、红色樱桃、紫色葡萄，灰色桌布上还有香蕉、玻璃杯，色调柔和，画风大胆，色彩明亮，湖面黑白灰分明，这幅画中的笔触大胆且富有表现力，图片比例为3：2，风格化程度为500）。

生成的图片如图5-17和图5-18所示。

AI绘图机器人：Midjourney Bot

图 5-17

图 5-18

2. 风景（文心一格）

风景水彩通过透明的色彩和流动的笔触，捕捉自然景色的光影变化和空间感，展现出风景的生动和层次。

关键词：水彩画，中国古典园林，一座亭子，亭台楼阁掩映于翠绿的树木间，色彩斑斓的花卉点缀，淡蓝色的天空，水面平静，倒映美景，静谧和谐，色调柔和，笔触细腻，层次感。

生成的图片如图5-19和图5-20所示。

画面类型：中国风

图 5-19　　　　　　　　　　　　　　　图 5-20

5.1.4　素描

素描是一种基础且重要的绘画形式，使用铅笔、炭笔或钢笔在纸上进行创作。它强调线条、阴影和形体的表现，通过简洁的黑白对比展示细节和空间感。素描不仅是艺术创作的基础训练，也是表现人物、风景和静物的重要手段，具有直接而深刻的艺术表现力。

1. 静物（Midjourney）

静物素描通过精准的线条和细致的阴影，强调静物的形状、质感和空间关系，可以展现出真实而生动的细节。

关键词：Sketch of still life, pencil drawing, on the table there is a jar, two apples, a banana, and a water cup. The tones of black, white, and gray are distinct, with solid and detailed foreground elements and vague background elements, creating a sense of depth and rich details. The artwork is presented in black and white. --ar 4:3 --s 500（素描静物，铅笔绘画，桌子上有一个罐子、两个苹果、一根香蕉、一个水杯，黑白灰分明，近实远虚，有层次，细节丰富，黑白色，图片比例为4：3，风格化程度为500）。

生成的图片如图5-21和图5-22所示。

图 5-21

图 5-22

2. 人物（Stable Diffusion）

人物素描通过细腻的线条和阴影表现人物的形态、表情和肌肉结构，捕捉其个性和动态。

扫码看教学视频

01 启动 Stable Diffusion，在界面上方选择 Stable Diffusion 模型，单击 ▼ 按钮，在下拉列表中选择 revAnimated_v122EOL. safetensors [4199bcdd14]，模型效果如图 5-23 所示。如果刚下载安装好模型，可单击旁边的 🔄 按钮进行更新，再打开下拉列表选择模型。

02 再选择面板上方的外挂 VAE 模型，单击 ▼ 按钮，在下拉列表中选择 vae-ft-mse-840000-ema-pruned. safetensors，如图 5-24 所示。

03 进入"文生图"面板，在"正向提示词"文本框中输入一段关键词：sketch, sumiao, black and white, <lora：sketch_sumiao：0.8>, 1girl, face, white background（素描草图，素描，黑白，

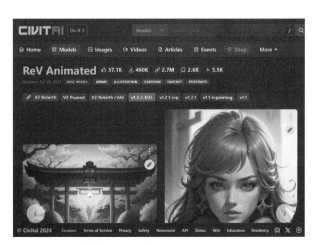

图 5-23

图 5-24

117

一个女孩，脸部，白色背景）。

04 在下面的"反向提示词"文本框中输入关键词：(worst quality: 2), (low quality: 2), (normal quality: 2), lowers, watermark. 如图5-25所示。

图 5-25

05 在正向提示词中添加Lora模型，选择"Lora"面板，找到下载好的Lora模型，单击模型即可进行使用，并调整模型的控制权重参数为"0.8"，如图5-26所示。

提示：Lora模型为sketch_sumiao，如图5-27所示。

图 5-26

图 5-27

06 其他参数设置如图5-28所示。

图 5-28

07 单击右上角的"生成"按钮，等待出图。

08 选择满意的图像，单击下方的"保存"按钮，进行下载即可，生成的图片如图5-29和图5-30所示。

图 5-29　　　　　　　　　　　　　　　　　图 5-30

5.2　插画创作：突破视觉边界

插画的应用领域广泛且多样，几乎涵盖了所有与视觉表达相关的行业，在广告、互联网、文创、包装、影视等行业发挥了重要的作用。随着市场需求的不断变化和技术的不断进步，插画的应用也将不断创新和发展。本节将介绍如何使用AI绘画工具创作插画作品。

1. 人物（奇域AI）

人物插画通过丰富的色彩和独特的风格展现人物的个性和情感，常用于传达故事情节和视觉冲击。

扫码看教学视频

关键词：人物插画，中式少女，简单、色彩，强烈的线条画，女子，艺术，风格化的年轻女性，黑色时尚的头发，红色口红，精致优雅，戴着流苏耳环和一条小项链，上半身，人物设计，现代插画。

生成的图片如图5-31和图5-32所示。

图 5-31　　　　　　　　　　　　　　　　　图 5-32

2. 古风（奇域AI）

古风插画以细腻的笔触和传统的东方元素展现古代文化的雅致与韵味，并可以融入传统服饰、山水风景和古典意境。

关键词：浪漫古风，炫彩光影，肌理磨砂，OC渲染，插画，梦幻，树林，开满了花，飞舞，远处一位跳舞的少女，荧光，广角镜头。

生成的图片如图5-33和图5-34所示。

图 5-33　　　　　　　　　　　　　　图 5-34

3. 卡通（奇域AI）

卡通插画以夸张的形象、鲜艳的色彩和简洁的线条，可以展现出富有趣味性和视觉冲击力的角色与场景。

关键词：卡通插画，纯色背景，超远景，一个Q版男孩，五官精致，可爱，卷发，现代服饰，半身，侧身，手中拿着一杯咖啡。

生成的图片如图5-35和图5-36所示。

图 5-35　　　　　　　　　　　　　　图 5-36

4. 风景（文心一格）

风景插画通过丰富的色彩和细腻的细节描绘自然景观，捕捉环境的氛围和美感。

关键词：风景插画，色彩颗粒，治愈水粉，一栋三层小别墅，白墙黑瓦，屋后一棵高大的海棠树，绿叶葱葱，阳光透过树枝洒在地上，斑斑驳驳，极简构图，呼吸感，极致构图。

画面类型：中国风

生成的图片如图5-37和图5-38所示。

图 5-37

图 5-38

5. 线稿（Stable Diffusion）

线稿插画以简洁的线条和轮廓勾勒出形状和细节，强调结构和形式，而不依赖于色彩。

扫码看教学视频

01 启动Stable Diffusion，在界面上方选择Stable Diffusion模型，单击▼按钮，在下拉列表中选择revAnimated_v122EOL.safetensors[4199bcdd14]，模型效果如图5-39所示。如果刚下载安装好模型，可单击旁边的■按钮进行更新，再打开下拉列表选择模型。

02 再选择面板上方的外挂VAE模型，单击▼按钮，在下拉列表中选择vae-ft-mse-840000-ema-pruned.safetensors，如图5-40所示。

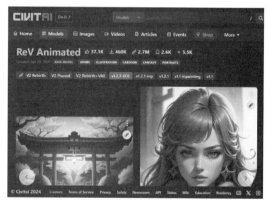

图 5-39

图 5-40

03 进入"文生图"面板，在"正向提示词"文本框中输入一段关键词：<lora：pensketch_lora_v2.3：0.8> penSketch_style, ink sketch, 1girl, solo, full body, medium hair,school uniform, trees（铅笔素描风格，墨水素描，一个女孩，单人，

全身像，中长发，校服，树木）。

04 在下面的"反向提示词"文本框中输入关键词：badhandv4, EasyNegative, signature，如图5-41所示。

图 5-41

05 在正向提示词中添加Lora模型，选择"Lora"面板找到下载好的Lora模型，单击模型即可进行使用，并调整模型的控制权重参数为"0.8"，如图5-42所示。

提示： Lora模型为pen sketch style，如图5-43所示。

图 5-42

图 5-43

06 其他参数设置如图5-44所示。

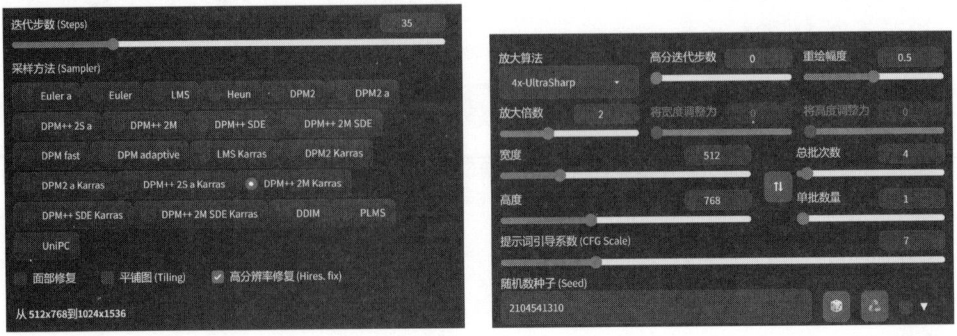

图 5-44

07 单击右上角的"生成"按钮，等待出图。

08 选择满意的图像，单击下方的"保存"按钮，进行下载即可，生成的图片如图5-45和图5-46所示。

图 5-45　　　　　　　　　　　　　　　　图 5-46

6. 动漫（Stable Diffusion）

动漫插画通过生动的角色设计、鲜艳的色彩和夸张的表情，展现富有动感和情感的视觉效果。

扫码看教学视频

01 启动Stable Diffusion，在界面上方选择Stable Diffusion模型，单击 ▾ 按钮，在下拉列表中选择revAnimated_v122EOL.safetensors [4199bcdd14]，模型效果如图5-47所示。如果刚下载安装好模型，可单击旁边的 ▣ 按钮进行更新，再打开下拉列表选择模型。

02 再选择面板上方的外挂VAE模型，单击 ▾ 按钮，在下拉列表中选择vae-ft-mse-840000-ema-pruned.safetensors，如图5-48所示。

03 进入"文生图"面板，在"正向提示词"文本框中输入一段关键词：Shinkai makoto, kimi no na wa, 1girl, bangs, black hair, blue sky, blush, bow, bowtie, brown eyes, cloud, collared shirt, hair ribbon, hairband,

图 5-47

图 5-48

looking at viewer, negative space, outdoors, red bow, red bowtie, red hairband, red ribbon, ribbon, school uniform, shirt, short hair, sky, smile, solo, sweater vest, upper body, vest, white shirt, yellow sweater vest, yellow vest <lora: shinkai_makoto_offset: 1>（新海诚，《你的名字》，一个女孩，刘海，黑发，蓝天，脸红，蝴蝶结，领结，棕色眼睛，云朵，翻领衬衫，发带，发箍，看着观众，负空间，户外，红色蝴蝶结，红色领结，红色发箍，红色丝带，丝带，校服，衬衫，短发，天空，微笑，独自，针织背心，上半身，背心，白衬衫，黄色针织背心，黄色背心）。

04 在下面的"反向提示词"文本框中输入关键词：(worst quality, low quality：2), FastNegative V2, 3D，如图5-49所示。

图 5-49

05 在正向提示词中添加Lora模型，选择"Lora"面板，找到下载好的Lora模型，单击模型即可进行使用，并调整模型的控制权重参数为"1"，如图5-50所示。

提示： Lora模型为Makoto_shinkai，如图5-51所示。

图 5-50

图 5-51

06 其他参数设置如图5-52所示。

07 单击右上角的"生成"按钮，等待出图。

08 选择满意的图像，单击下方的"保存"按钮，进行下载即可，生成的图片如图5-53和图5-54所示。

图 5-52

图 5-53　　　　　　　　　　　　　　　　　图 5-54

7. 广告（Midjourney）

广告插画通过引人注目的设计和视觉效果，有效地传达品牌信息和促销主题，吸引目标受众的关注。

扫码看教学视频

关键词：A vibrant, flat illustration specifically designed as an advertising piece. The centerpiece is a giant coffee cup adorned with the word 'COFFEE' and decorated with snowman-shaped ornaments and lemon slices. Surrounding the coffee cup are enticing ice cream, delicious cakes, fresh fruits, and ice cubes. The background features tropical palm trees, beach chairs, and umbrellas, creating a relaxed and joyful summer beach ambiance. The overall style is lively, interesting, and highly appealing, with a clean and crisp appearance. --ar 3:4 --s 400（一幅色彩鲜艳、扁平风格的广告插画。画面中心是一个巨大的咖啡杯，杯子上印有"COFFEE"字样，并装饰着几个雪人形状和柠檬片。咖啡杯周围有诱人的冰激凌、美味的蛋糕、新鲜的水果和冰块。背景是热带风情的棕榈树、沙滩椅和遮阳伞，营造出轻松愉悦的夏日海滩氛围。整体风格活泼有趣，充满吸引力，画面干净，图片比例为3：4，风格化程度为400）。

生成的图片如图5-55和图5-56所示。

AI绘图机器人：Niji journey

125

图 5-55   图 5-56

8. 科幻（Midjourney）

科幻插画通过未来主义的设计和虚构的科技元素，营造引人入胜的未来世界和创新概念，吸引观众的想象力。

扫码看教学视频

关键词：Create a surrealistic illustration depicting a futuristic May Day play scene, with futuristic cityscapes, flying cars, and people engaging in high-tech VR games and experiences, showcasing the wonders of the future world --ar 3:2 --s 300（创作一幅超现实主义的插图，描绘一个未来主义的"五一"节游戏场景，其中包括未来主义的城市景观、飞行汽车，以及人们参与高科技虚拟现实游戏和体验，展示未来世界的奇妙之处，图片比例为3：2，风格化程度为300）。

生成的图片如图5-57和图5-58所示。

AI绘图机器人：Niji journey

图 5-57

图 5-58

9. 动物（Midjourney）

扫码看教学视频

动物插画通过细致的描绘和富有表现力的风格，展现动物的独特特征和生动神态。

关键词：A hand-painted watercolor illustration of a cartoon character, featuring a little rabbit wearing a yellow dress and holding a microphone in its hand. It's a full-body, flat illustration with a light-colored background, rendered in soft, pale watercolors. --ar 4:3 --s 750（卡通形象的手绘水彩插图，一只穿着黄色礼服的小兔子，手里拿着麦克风，全身，平面插图，浅黄色背景，色彩柔和，浅水彩画，图片比例为4：3，风格化程度为750）。

生成的图片如图5-59和图5-60所示。

AI绘图机器人：Niji journey

图 5-59

图 5-60

10. 奇幻（Midjourney）

奇幻插画通过奇异的景象和超现实的元素，创造充满想象力和魔幻色彩的视觉世界。

扫码看教学视频

关键词：A giant whale floating in the sky, with rainbow colors. A girl spreads her arms, colorful clouds floating around, light blue sea water below, colorful confetti falling from above. In the style of anime and Japanese manga, with soft lighting and a dreamy atmosphere. High resolution with detailed details. --ar 3:4 --s 200（一头巨大的鲸鱼飘浮在天空中，身披彩虹色彩。一个女孩张开双臂，周围飘浮着五彩斑斓的云朵，下方是淡蓝色的海水，上方则有缤纷的彩带飘落。采用动漫和日本漫画的风格，光线柔和，氛围梦幻。高分辨率，细节精致，图片比例为3：4，风格化程度为200）。

生成的图片如图5-61和图5-62所示。

AI绘图机器人：Niji journey

图 5-61

图 5-62

5.3　人物头像创作：三次元到二次元的转换

AI绘图技术能够轻松将个人头像照片转化为多种风格的插画，操作简单便捷，且风格多变。这种技术使得人们同时拥有多种艺术风格的头像变得轻而易举，为个人形象增添了独特的艺术韵味。

5.3.1　卡通风格头像（Midjourney）

将自己的照片转换为卡通风格的头像，通过夸张的面部特征和鲜

扫码看教学视频

明的色彩，可以展现出富有趣味性和个性的视觉效果。

01 首先启动 Discord，进入个人创建服务器页面。

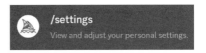

图 5-63

02 单击聊天对话框，输入 /settings 指令，如图 5-63 所示，选择 Midjourney 机器人。

03 相关参数设置如图 5-64 所示。

图 5-64

04 单击文本框中的 ➕ 按钮，选择"上传文件"命令，如图 5-65 所示。

05 上传照片后，复制照片链接，如图 5-66 所示。

图 5-65

图 5-66

06 单击聊天对话框，输入 /imagine 文生图指令，选择 Midjourney 机器人，在指令框中输入照片链接和关键词：A cartoon girl image, beautiful, smiling, exquisite. --ar 3:4（一个卡通形象的女孩，美丽，微笑，精致，图片比例为 3：4）。如图 5-67 所示。

图 5-67

07 按 Enter 键确认，即可生成相应的图片。如不满意，可多次跑图或调整关键词，选择符合预想的图片进行保存，生成的图片效果如图 5-68 和图 5-69 所示。

图 5-68

图 5-69

5.3.2　皮克斯风格头像（Midjourney）

扫码看教学视频

皮克斯风格的头像通过生动的表情、柔和的色彩和细致的立体效果，展现出了富有情感和亲和力的卡通形象。

01 首先启动Discord，进入个人创建服务器页面。

02 单击聊天对话框，输入/settings指令，如图5-70所示，选择Midjourney机器人。

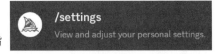

图 5-70

03 相关参数设置如图5-71所示。

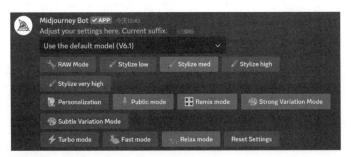

图 5-71

04 单击文本框中的 ⊕ 按钮，选择"上传文件"命令，如图5-72所示。

05 上传照片后，复制照片链接，如图5-73所示。

06 单击聊天对话框，输入/imagine文生图指令，选择Midjourney机器人，在指令框中输入照片链接和关键词：Pixar animation style, a beautiful young girl, wearing a beige hat, smiling, in a blue turtleneck sweater, with a strong sense of light, C4D, 8K, high-definition quality. --ar 3:4（皮克斯动画风格，一个美丽的年轻女孩，戴着米黄色的帽子，微笑，身穿蓝色的高领毛衣，光线感强，C4D，8K，高清画质，比例为3∶4）。如图5-74所示。

图 5-72　　　　　　　　　　　　　　　　　图 5-73

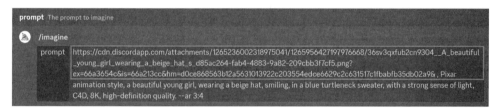

图 5-74

07 按Enter键确认，即可生成相应的图片。如不满意，可多次跑图或调整关键词，选择符合预想的图片进行保存，生成的图片效果如图5-75和图5-76所示。

图 5-75　　　　　　　　　　　　　　　　　图 5-76

5.4　游戏素材创作：快速打造 3D 游戏素材

游戏类App在整个市场中无疑是最受欢迎的，它们不仅可以帮助用户释放工作和生活中的压力，还能放松心情，特别是以休闲为目的的游戏，正迅速占据App市场下载排行榜的前列。

5.4.1　游戏道具（Midjourney）

首先生成一些3D图标道具，具体操作如下。

01 首先启动Discord，进入个人创建服务器页面。

02 在Midjourney面板中单击文本框，输入/imagine指令，选择 Niji journey机器人，在指令框中输入英文关键词：Some very cute magic medicine water bottle props, game props, icon, rich colors, clay materials, lightweight, textures, C4D, OC rendering, solid background --s 400（一些非常可爱的神奇药水瓶道具，游戏道具，图标，丰富的色彩，黏土材料，轻质，纹理，C4D，OC渲染，纯色背景，风格化程度为400），如图5-77所示。

图 5-77

03 按Enter键确认，得到4张效果图，如图5-78所示。

04 单击U3按钮，将图三进行放大，如图5-79所示。

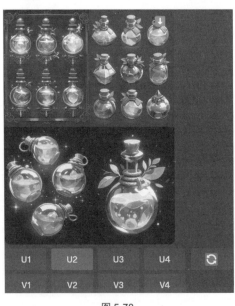

图 5-78

图 5-79

05 单击图片，复制图片链接，如图5-80所示。

06 接下来需要使用Midjourney Bot来增强图标的质感，使用复制的链接+关键词再次生成图片，如图5-81所示。

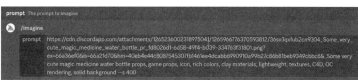

图 5-80　　　　　　　　　　　　　　　　　　　图 5-81

07 生成的图片效果如图5-82和图5-83所示。

图 5-82

图 5-83

5.4.2　游戏场景（Stable Diffusion）

通过AI绘画工具生成游戏场景，可以为设计师提供丰富的创作灵感，并显著提高工作效率。

扫码看教学视频

133

01 启动Stable Diffusion，在界面上方选择Stable Diffusion模型，单击▼按钮，在下拉列表中选择revAnimated_v122EOL.safetensors [4199bcdd14]，模型如图5-84所示。如果是刚下载安装好模型，可单击旁边的■按钮进行更新，再打开下拉列表选择模型。

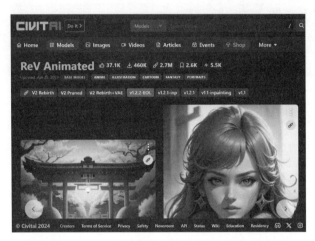

图 5-84

02 选择界面上方的外挂VAE模型，单击▼按钮，在下拉列表中选择vae-ft-mse-840000-ema-pruned.safetensors，"CLIP终止层数"选择2，如图5-85所示。

图 5-85

03 进入"文生图"面板，在"正向提示词"文本框中输入一段关键词：Game icon academy, cute shop, triangular roof, selling deaaert, game scene, solo, white background, cute style, square ground, shop sign, billboard, transparent window, door and window, street light, mailbox, trash can, warm light, masterpiece, quality, cartoon, 3D, 8K, very detailed, <lora: toon2:0.8>（游戏图标，可爱的商店，三角形屋顶，售卖甜品，游戏场景，单人，白色背景，可爱风格，方形地面，商店招牌，广告牌，透明窗户，门和窗，路灯，邮箱，垃圾桶，暖光，杰作，高质量，卡通，3D，8K，细致）。

04 在下面的"反向提示词"文本框中输入关键词：Vague, sticky, chaotic, indistinguishable, embedding: BadDream, embedding：FastNegative V2，如图5-86所示。

图 5-86

05 在正向提示词文本框中添加Lora模型，选择"Lora"面板，找到下载好的Lora模型，单击模型即可进行使用，并调整模型的控制权重参数为"0.8"，如图5-87所示。

提示：Lora模型为M_Scene，如图5-88所示。

图 5-87

图 5-88

06 其他参数设置如图5-89所示。

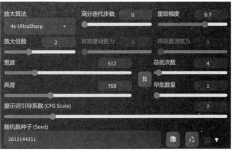

图 5-89

07 单击右上的"生成"按钮，等待出图。

08 选择满意的图像，单击下方的"保存"按钮进行下载即可，生成的图

135

片效果如图5-90和图5-91所示。

图 5-90

图 5-91

第 6 章
设计革新：AI 赋能设计的创作新路径

    目前，AI正不断拓展其在设计中的应用潜力，改变传统创作方式。利用AI工具，设计师可以快速生成创意草图、优化设计方案，并进行风格迁移和自动化设计修改，还能生成高质量的图像和逼真的效果图，从而减少了手动调整的时间。

6.1 服装设计

使用AI绘画工具生成的服装具有创意丰富、风格多样的特点。它能够根据简单的描述或输入条件，快速生成符合时尚趋势的服装设计，打破传统设计限制，为设计师提供灵感和独特的视觉效果。

6.1.1 上衣（奇域AI）

使用AI绘画工具生成上衣能够快速呈现多样化的设计风格，精确展现细节和质感，赋予创作无限可能。

扫码看教学视频

关键词：棕色具有设计感的毛衣，平铺，年轻时尚，简单，白色桌面，光影，杂志和鲜花作为装饰，衣服展示，细节，画面干净简单，留白，高视角拍摄，近距离拍摄。

负向关键词：平面，卡通，绘画。

生成的上衣如图6-1和图6-2所示。

图 6-1

图 6-2

6.1.2 礼服（Midjourney）

使用AI绘画工具生成礼服，可以以精致的细节和独特的创意设计，快速打造出高雅、华丽且风格多样的礼服效果。

扫码看教学视频

关键词：A model in an exquisite lime green gown with thigh-high slit, featuring a sculpted bodice and flared skirt in the style of Zuhair Murad for the spring-Sudan collection at Paris Fashion Week. The gown is made of silk satin fabric, exuding elegance and sophistication on the runway. It features a high collar that accentuates her figure, showcasing both allure and glamour in the style. --ar 2:3（一位模特身着一件精美的青柠绿色的礼服，高开衩设计，上半身是塑形紧身胸衣，下半身是喇叭裙，是祖海尔·慕拉为巴黎时装周春季苏丹系列设计的款式。这件礼服由真丝缎面料制成，在T台上展现出高雅与精致。礼服的高领设计凸显了模特的身材，尽显其魅力与华丽，图片比例为2：3）。

生成的图片如图6-3和图6-4所示。

AI绘图机器人：Midjourney Bot。

图 6-3　　　　　　　　　　　　　　　　　　　图 6-4

6.1.3　帽子（Midjourney）

扫码看教学视频

使用AI绘画工具生成帽子能够灵活地创作多种款式与风格，精准地展现材质和细节，轻松实现独特且个性化的设计。

关键词：A stylish knit hat on a display stand, beige color, white wall background, a beam of sunlight hitting down, product display, product photography, clean and simple picture, white space, close up --ar 3:4（展示台架上放着一顶时尚的针织帽，米黄色，白色墙背景，一束阳光打下来，产品展示，商品拍摄，画面干净简单，留白，近距离拍摄，图片比例为3：4）。

生成的图片如图6-5和图6-6所示。

AI绘图机器人：Midjourney Bot。

图 6-5　　　　　　　　　　　　　　　　　　　图 6-6

6.1.4 鞋子（文心一格）

扫码看教学视频

使用AI绘画工具生成鞋子能够快速设计出多样化的款式，细腻展现材质的质感和细节，助力设计师创造独特的个性化鞋履。

关键词：运动鞋灵感源自经典的美式复古运动鞋，低帮设计，细节精致，采用中性色调，带有白色装饰和鞋边上的品牌标志。

其他设置如图6-7所示。

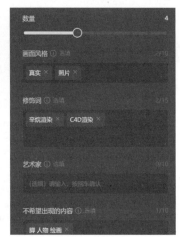

图 6-7

生成的图片如图6-8和图6-9所示。

图 6-8

图 6-9

6.2　产品设计

AI绘画工具通过描述词生成产品图片，具有操作简单、创意无限的特点。它能够快速将文字描述转化为视觉效果，精确展现产品细节和设计意图，节省时间的同时，提供多样化的创意选择，显著提升设计效率和灵感表现。

6.2.1　玩具（文心一格）

扫码看教学视频

使用AI工具生成玩具产品图片，能够高效地将文字描述转化为视觉效果，为设计师带来意想不到的创意。

关键词：游戏机、可爱的兔子形状的游戏机、塔麻可吉彩色塑料、工业设计、包豪斯、丰富的色彩、塑料、白色背景、摄影棚照明、8K、高清。

其他参数设置如图6-10所示。

图 6-10

生成的图片如图6-11和图6-12所示。

图 6-11

图 6-12

6.2.2　珠宝（Midjourney）

使用AI工具生成珠宝设计，能够通过文字描述高效地将设计师的创意快速转化为视觉效果，显著提升设计效率，同时还可从中获得灵感。

扫码看教学视频

关键词：On the display stand, there lies a bowknot necklace made of aquamarine and diamonds, crafted in 18K white gold. With exquisite lines and rich layers, it is a luxurious dinner necklace that embodies the Tiffany jewelry style. --ar 3:2（在展示台上，陈列着一条由海蓝宝石和钻石制成的蝴蝶结项链，采用18K白金材质。其线条精致，层次丰富，是一款奢华晚宴项链，体现了蒂芙尼珠宝的风格，图片比例为3∶2）。

生成的图片如图6-13和图6-14所示。

AI绘图机器人：Midjourney Bot。

图 6-13

图 6-14

6.2.3 家具（Midjourney）

使用AI工具进行家具创作，可以使用不同的材质描述词，或者发挥自己的创意，让AI创造出令人意想不到的设计。

关键词：Product design: an indoor single sofa, made of long plush material, shaped like a petal, interesting, pure color, in Morandi color system, for indoor scene（产品设计，室内单人沙发，长绒毛材质，有趣，纯色）。

生成的图片如图6-15和图6-16所示。

AI绘图机器人：Midjourney Bot。

图 6-15

图 6-16

6.2.4 电子产品（Midjourney）

使用AI工具生成电子产品，可以充分发挥人们的创意和想象力，快速生成出富有科技感的创新电子产品。

关键词：The future, three-dimensional virtual form, a variety of applications neatly arranged through holographic projection presented in the hand Futuristic mobile iPhones, three-dimensional virtual forms, and various apps are presented around users with holographic projections --ar 4:3 --s 300（未来，三维虚拟形式，各种应用程序通过全息投影整齐地排列在用户手中的未来主义移动iPhone、三维虚拟形式和各种应用程序周边，图片比例为4：3，风格化程度为300）。

生成的图片如图6-17和图6-18所示。

AI绘图机器人：Midjourney Bot。

图 6-17

图 6-18

6.3 建筑设计

AI也可以用于建筑设计，无论是生成需要包含建筑的照片，还是寻找建筑设计的灵感，AI都可以提供相应的帮助，同时还能帮助设计师完成一些建筑想象，或者生成相似的建筑，从而得到一些新的灵感。

6.3.1 手绘（Midjourney）

建筑手绘是指以非常快速、概括的方式提炼出场景中要记录的建筑部分。

扫码看教学视频

关键词：A sketch of a building in black and white, in the style of contemporary constructivism, renaissance perspective and anatomy, pool core, expansive spaces, tondo, Hand Sketch（黑白建筑素描，采用当代建构主义、文艺复兴透视和解剖学、池核、广阔空间、通多风格，手绘素描）。

生成的图片如图6-19和图6-20所示。

AI绘图机器人：Midjourney Bot。

图 6-19

图 6-20

6.3.2　园林（Stable Diffusion）

扫码看教学视频

　　使用AI工具生成中式园林设计能够细致地呈现传统园林的独特风格与文化元素，准确展现景观布局、植被配置和建筑细节，帮助设计师快速实现富有东方韵味的园林创作。

　　01 启动Stable Diffusion，在界面上方选择Stable Diffusion模型，单击▼按钮，在下拉列表中选择lwArchitecutralMIX_v02.safetensors [fce1c62e19]，模型效果如图6-21所示。如果是刚下载安装好模型，可单击旁边的🔄按钮进行更新，再打开下拉列

图 6-21

145

表选择模型。

02 再选择界面上方的外挂VAE模型，单击🔽按钮，在下拉列表中选择vae-ft-mse-840000-ema-pruned.safetensors，CLIP终止层数选择2，如图6-22所示。

图 6-22

03 进入"文生图"面板中，在"正向提示词"文本框中输入一段关键词：Masterpiece, best quality, ultra-high resolution, realistic, photographic work, architecture, exquisite and detailed, 8K wallpaper, RAW format photo, extremely rich and intricate architectural details, no humans, Chinese classical garden, garden, water, pond, sunny day, sunlight, outdoors, lush with trees, windows, doors, white walls and black tiles, aerial view, drone perspective, architectural rendering, volumetric light, cozy atmosphere, <lora: suzhouyuanlinV1:1>（杰作，最佳品质，超高分辨率，逼真，摄影作品，建筑，精致的和细致的，8K壁纸，RAW格式的照片，建筑细节极其丰富、细致，无人，中国古典园林，花园，水，池塘，晴天，阳光，户外，树木繁多，窗户，门，白墙黑瓦，建筑渲染，体积光，舒适氛围）。

04 在下面的"反向提示词"文本框中输入关键词：People, sketches, paintings, worst quality, low quality, normal quality, lowres, normal quality, (monochrome), (grayscale), Deep Negative, text, error, extra digit, fewer digits, cropped, worst quality, low quality, normal quality, JPEG artifacts, signature, watermark, username, blurry, bad feet, cropped, polar lowres, error, extra digit, cartoon, draw, 3D face, cropped, multiple view, Reference sheet，如图6-23所示。

图 6-23

05 在正向提示词中添加Lora模型，选择"Lora"面板，找到下载好的Lora

模型，单击模型即可进行使用，并调整模型的控制权重参数为"1"，如图6-24所示。

> **提示：** Lora模型为suzhouyuanlin，如图6-25所示。

图 6-24

图 6-25

06 其他参数设置如图6-26所示。

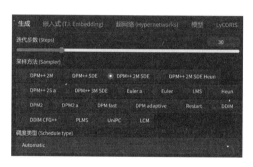

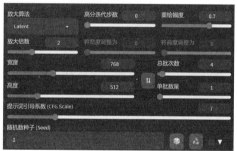

图 6-26

07 单击右上角的"生成"按钮，等待出图。

08 选择满意的图像，单击下方的"保存"按钮进行下载即可，生成的图片效果如图6-27和图6-28所示。

图 6-27

图 6-28

6.3.3 室内（Stable Diffusion）

扫码看教学视频

使用AI工具能够迅速创建详细且风格多样的室内空间视觉效果，精确展示布局、色彩和装饰细节，为设计师提供更多的创意呈现和决策支持。

01 启动Stable Diffusion，在界面上方选择Stable Diffusion模型，单击■按钮，在下拉列表中选择lwArchitecutralMIX_v02.safetensors [fce1c62e19]，模型效果如图6-29所示。如果是刚下载安装好模型，可单击旁边的■按钮进行更新，再打开下拉列表选择模型。

02 在界面上方选择外挂VAE模型，单击■按钮，在下拉列表中选择vae-ft-mse-840000-ema-pruned.safetensors，设置"CLIP终止层数"为2，如图6-30所示。

图 6-29

图 6-30

03 进入"文生图"面板，在"正向提示词"文本框中输入一段关键词：Highest quality, ultra-high definition, master piece, 8K quality, extremely detailed CG unity 8K wallpaper, LAOWANG, Bedroom, warm colors, with desk lamp chair, greenery, picture frames, carpet, sunlight, bright（最高品质，超高清晰度，杰作，8K质量，超级详细的CG统一8K壁纸，LAOWANG，卧室，暖色调，有台灯、椅

子，绿植，相框，地毯，阳光，明亮）。

04 在下面的"反向提示词"文本框中输入关键词：(worst quality：2), (low quality：2), (normal quality：2), lowers, (monochrome), (grayscale), bad anatomy, Deep Negative, skin spots, acnes, skin blemishes,(fat:1.2),facing away, looking away, tilted head, lowers, bad anatomy, bad hands, missing fingers, extra digit, fewer digits, bad feet, poorly drawn hands, poorly drawn face, mutation, deformed, extra fingers, extra limbs, extra arms, extra legs, malformed limbs, fused fingers, too many fingers, long neck, cross-eyed, mutated hands, polar lowers, bad body, bad proportions, gross proportions, missing arms, missing legs, extra digit, extra arms, extra leg, extra foot, teethcroppe, signature, watermark, username, blurry, cropped, jpeg artifacts, text, error，如图6-31所示。

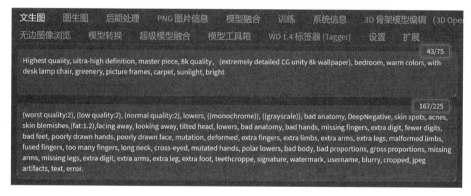

图 6-31

05 其他参数设置如图6-32所示。

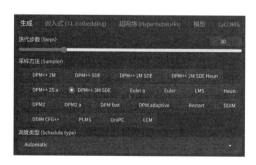
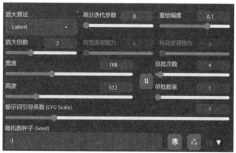

图 6-32

06 单击右上角的"生成"按钮，等待出图。

07 选择满意的图像，单击下方的"保存"按钮进行下载即可，生成的图片如图6-33和图6-34所示。

图 6-33

图 6-34

6.3.4 办公楼（Stable Diffusion）

扫码看教学视频

使用AI工具能够迅速展示现代化建筑的外观布局，细致地呈现结构细节和空间规划，提升设计效率并提供清晰的视觉效果。

01 启动Stable Diffusion，在界面上方选择Stable Diffusion模型，单击▼按钮，在下拉列表中选择lwArchitecutralMIX_v02.safetensors [fce1c62e19]，模型效果如图6-35所示。如果是刚下载安装好模型，可单击旁边的 ⟳ 按钮进行更新，再打开下拉列表选择模型。

02 在界面上方选择外挂VAE模型，单击▼按钮，在下拉列表中选择vae-ft-mse-840000-ema-pruned.safetensors，CLIP终止层数选择2，如图6-36所示。

图 6-35

图 6-36

03 进入"文生图"面板，在"正向提示词"文本框中输入一段关键词：Photorealistic 8K UHD rendering image of a high end luxury award winning modern contemporary slender apartment building in Australia angle wide shot（澳大利亚高端豪华获奖现代修长公寓楼，逼真，8K UHD，渲染图像，广角镜头）。

04 在下面的"反向提示词"文本框中输入关键词：(worst quality：2), (low quality：2), (normal quality：2), lowers, ((monochrome)), ((grayscale)), bad anatomy, DeepNegative, skin spots, acnes, skin blemishes,(fat：1.2),facing away, looking away, tilted head, lowers, bad anatomy, bad hands, missing fingers, extra digit, fewer digits, bad feet, poorly drawn hands, poorly drawn face, mutation, deformed, extra fingers, extra limbs, extra arms, extra legs, malformed limbs, fused fingers, too many fingers, long neck, cross-eyed, mutated hands, polar lowers, bad body, bad proportions, gross proportions, missing arms, missing legs, extra digit, extra arms, extra leg, extra foot, teethcroppe, signature, watermark, username, blurry, cropped, jpeg artifacts, text, error，如图6-37所示。

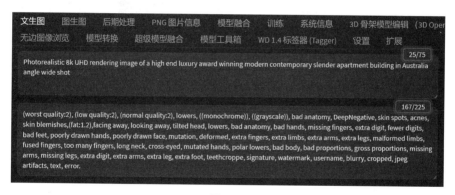

图 6-37

05 其他参数设置如图6-38所示。

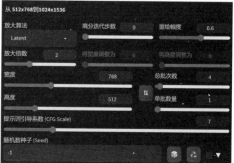

图 6-38

06 单击右上角的"生成"按钮，等待出图。

07 选择满意的图像，单击下方的"保存"按钮进行下载即可，生成效果如图6-39和图6-40所示。

图 6-39

图 6-40

6.4　视觉设计

　　AI绘画工具在视觉设计中通过智能算法和生成技术，能够迅速创作出多样化的视觉效果，提供精准的设计细节和创意灵感。它不仅提升了设计效率，还能灵活调整风格和元素，使设计过程更加高效和富有创意。

6.4.1　LOGO（文心一言）

扫码看教学视频

　　设计师使用AI工具可以快速创作出高质量的LOGO，通过灵活运用描述词，可以实现想要风格的LOGO设计，从而提高工作效率和创新力。

　　关键词：猫的标志与三叉戟，徽章，侵略性，图形。

　　其他参数设置如图6-41所示。

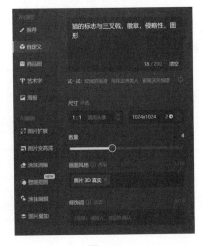

图 6-41

152

生成效果如图6-42和图6-43所示。

图 6-42

图 6-43

6.4.2　包装（Midjourney）

扫码看教学视频

在目前市场上的宠物食品也越来越多样化了，对于宠物食品的包装，同样可以通过AI工具，写入自己想要的元素关键词，生成更多的视觉效果，提高设计师的灵感，减少试错成本。

关键词：A pet snack packaging, packaging design, dried fish elements, sketch illustration style, attractive color matching, product photography, text arrangement, white background, super high precision, super details, focus, close-up, studio lighting, oc rendering, ultra high definition, 8K --s 250（一款宠物零食包装，包装设计，鱼干元素，素描插画风格，诱人的色彩搭配，产品摄影，文字排列，白色背景，超高精度，超级细节，对焦，特写，摄影棚灯光，OC渲染，超高清，8K，风格化程度为250）。

生成的图片如图6-44和图6-45所示。

AI绘图机器人：Midjourney Bot。

图 6-44

图 6-45

6.4.3　弹窗（Midjourney）

扫码看教学视频

弹窗是App中一种常见的交互方式，主要具有"传递信息"和"获取反馈"两大功能，同时还具有通知、警告的作用，往往会打扰到用户的正常操作，用户必须对弹窗进行回应，才能继续其他任务。

本节将制作活动弹窗，使用Midjourney来生成主要图案，再进入Photoshop中排版设计，以最高效率设计出满意的弹窗。

01 首先启动Discord，进入个人创建服务器页面。

02 单击聊天对话框，输入/imagine文生图指令，选择Niji journey机器人，如图6-46所示。

03 在指令框中输入英文关键

图 6-46

词：A rocket 3D icon, cute shape, minimalism, purple blue, white background, surrealism, matte --s 180（火箭3D图标，形状可爱，极简主义，紫蓝色，白色背景，超现实，哑光，风格化程度为180），如图6-47所示。

图6-47

04 按Enter键确认，即可生成4张相应的图片，效果如图6-48所示。

05 选择其中一张图片保存，进入Photoshop中调整修改，如图6-49所示。

06 调整后抠取图标增加文字信息等，进行排版设计，最终效果如图6-50所示。

图6-48

图6-49

图6-50

07 我们还可以替换该关键词的主体，将火箭（rocket）换成礼物（gift），如图6-51所示。

图 6-51

08 最终效果如图6-52所示。

6.4.4 App界面（Midjourney）

使用AI工具进行App界面设计，能够为设计者提供多样化的设计思路，提升工作效率。

关键词：A tablet UI, an e-commerce website about a gourmet product, with a minimal design, white background, yellow and white color scheme, and food illustrations for a delicious

扫码看教学视频

图 6-52

atmosphere, tablet UI design --ar 4:3（一个平板电脑 UI，关于美食产品的电子商务网站，采用极简设计、白色背景、黄白配色方案和美食插图，营造出美味的氛围，平板电脑 UI 设计，图片比例为4：3）。

生成的图片如图6-53和图6-54所示。

AI绘图机器人：Midjourney Bot。

图 6-53

图 6-54

6.4.5　电商主图（定稿设计）

使用AI进行主图设计，操作既方便又迅速，还能提升设计效率。

扫码看教学视频

01 打开"定稿设计"，在左边的选项栏中选择"AI设计"选项，如图6-55所示。

02 进入"AI设计"界面，选择"设计"界面中的"商品主图"选项，如图6-56所示。

图 6-55   图 6-56

03 进入"商品主图"界面，填写相关内容，如图6-57所示。

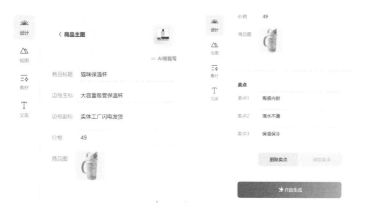

图 6-57

04 填写完成后，单击下方的"开始生成"按钮，可在面板右侧生成主图设计，效果如图6-58所示。

图 6-58

157

05 选择满意的一张效果图，将鼠标指针放在效果图上，可以看到有"编辑"和"下载"两个按钮。如果想要对内容进行调整，可以单击"编辑"按钮，如图6-59所示。

06 进入"编辑"界面中修改画面，最后单击右上角的"下载"按钮，即可导出设计图，如图6-60所示。

图 6-59   图 6-60

07 导出的设计图效果如图6-61所示。

图 6-61

第 7 章

摄影生成：AI 创作摄影艺术的
独特玩法

　　随着人工智能技术的不断进步和扩展，摄影领域也经历了从传统摄影到数码摄影的变革，而AI生成式摄影图片技术对这一领域产生了很大影响。本节将探讨如何利用AI技术生成各种创新的摄影图片。

7.1 生成摄影图像的 5 大要素

任何跟摄影有关的词都有助于让AI生成逼真的图片，而且能让照片达到专业摄影师的水平。这样的词非常多，有视角、景别、构图和镜头等。本节将进行深入讨论。

7.1.1 控制镜头关键词

不同的镜头能够表现出的效果不同，在AI摄影中，用户可以根据主题和创作需求，添加合适的镜头语言来生成自己想要的画面。

1. 广角镜头（Midjourney）

广角镜头是一种具有较短焦距的镜头，能够捕捉更宽广的视野和更多的景物细节，适用于风景和建筑摄影。

扫码看教学视频

关键词：Using a wide-angle lens, capture a vast scenic landscape of Zhangjiajie National Forest Park, emphasizing depth and rich details. Ensure a wide perspective that showcases the magnificent natural scenery. Photography. --ar 4:3（广角镜头，广阔的风景画面，张家界国家森林公园，强调深度感和丰富的细节，视角开阔，展现出壮丽的自然景色，摄影，图片比例为4：3）。

生成的图片如图7-1和图7-2所示。

AI绘图机器人：Midjourney Bot。

图 7-1

图 7-2

2. 鱼眼镜头（Midjourney）

鱼眼镜头是一种超广角镜头，能够以极宽的视角捕捉近180度的全景图像，常用于创造强烈的视觉效果和独特的弯曲畸变。

扫码看教学视频

关键词：Fish-eye lens, extreme wide-angle, exaggerated effect, photographic work, city street scene, architecture, utilizing curved surface distortion to create a unique perspective, making the image full of interest and visual impact. Photography. --ar 4:3（鱼眼镜头，极度广角，夸张效果，摄影作品，城市街景，建筑，利用曲面变形来营造独特的视角，使画面充满趣味性和视觉冲击力，摄影，图片比例为4∶3）。

生成的图片效果如图7-3和图7-4所示。

AI绘图机器人：Midjourney Bot。

图 7-3

图 7-4

7.1.2 控制景别关键词

摄影的景别指的是所拍摄画面的范围和焦距设置，包括全景、远景、中景和近景等不同的视角。通过在AI绘画软件中添加景别，可以明确画面的视角和细节层次，增强图像的空间感和视觉效果，从而更准确地表达设计意图。

1. 全景（Midjourney）

全景镜头是一种广角镜头，能够捕捉几乎完整的360度视角，提供极其宽广的景象覆盖。

扫码看教学视频

关键词：Using a panoramic lens, a panoramic view of the city shows rivers and buildings in high definition. The sky is blue with white clouds floating on it. There is an open space below the river with green vegetation and tall trees. On one side there is a snow-capped mountain. This scene has clear lines between cities, water bodies, mountains, grasslands, forests, etc., and can be seen from above. Aerial photography in the style of ultra-realistic photography, Award-winning photography. --ar 3:1（使用全景镜头拍摄的城市全景图，展现了高清的河流和建筑。天空湛蓝，白云飘浮。河流下方是一片开阔地，绿草如茵，树木高耸。一侧是白雪皑皑的山峰。从上方俯瞰，城市、水体、山脉、草原、森林等之间的界限清晰可见，这是超现实主义风格的航拍照片，获奖摄影作品，图片比例为3：1）。

生成的图片效果如图7-5和图7-6所示。

AI绘图机器人：Midjourney Bot。

图 7-5

图 7-6

2. 特写（Midjourney）

特写镜头是一种焦距较长的镜头，专注于拍摄细节或对象的局部，以突出细微特征和进行情感表达。

扫码看教学视频

关键词：Close-up view, there are little crystal clear droplets of water in the clover that fill the image with life, nature, sunlight, colorful sunlight --ar 3:4（特写镜头，三叶草中有晶莹剔透的小水珠，让画面充满了生命力，大自然，阳光，彩色的阳光，图片比例为3：4）。

生成的图片效果如图7-7和图7-8所示。

AI绘图机器人：Midjourney Bot。

图 7-7　　　　　　　　　　　　　　　　　　　　图 7-8

7.1.3　控制构图关键词

构图视角是指摄影中所采用的观察角度或视角，它决定了观众所看到的场景和主题的呈现方式，对整体画面的表现力和视觉效果有着重要的影响，不同的构图视角可以给人带来不同的观感和情感体验，大家可以根据主题和表达意图选择合适的构图视角。

1. 三角形构图（Midjourney）

在摄影中，三角形构图通过将主要元素安排成类似三角形的形状，创造稳定的视觉效果和引导观众视线，增强图像的结构感和深度。

扫码看教学视频

关键词：Photographing a cup of coffee, a croissant and a rose, triangle composition, white table, rich details, strong shine, clean background --ar 3:2（拍摄一杯咖啡、一块牛角面包和一枝玫瑰花，三角形构图，白色餐桌，细节丰富，光泽强烈，背景干净，图片比例为 3 : 2）。

生成的图片如图 7-9 和图 7-10 所示。

AI 绘图机器人：Midjourney Bot。

图 7-9

图 7-10

2. 引导线构图（Midjourney）

扫码看教学视频

引导线构图会利用画面中的线条或形状引导观众的视线，突出主要对象并增强图像的深度感和层次感。

关键词：Leading lines, rows of cherry blossom trees planted on both sides of the road, blue sky, sunny day, vehicles driving by, people coming and going, 4K, panoramic view, photography --ar 3:4（引导线构图，马路两旁种植着一排排的樱花树，蓝色的天空，晴天，车辆驶过，人来人往，4K，全景，摄影，图片比例为3：4）。

生成的图片如图7-11和图7-12所示。

AI绘图机器人：Midjourney Bot。

图 7-11 图 7-12

7.1.4 控制光线关键词

在使用AI生成摄影图片时，可以通过光线指令，控制光线的方向、强度、颜色、阴影等，从而生成更加真实、生动、有层次的图像效果。

1. 逆光（Midjourney）

逆光拍摄是指当光源位于拍摄对象背后时拍摄，从而创造出轮廓明亮、背景柔和的效果，突出对象的形状和轮廓。

扫码看教学视频

关键词：This photograph captures a female riding a bicycle along a winding path from a high-angle top-down perspective, showing her backlit silhouette against the setting sun. The scene is set near a railway station, with a captivating lens flare, soft lighting, and dramatic cinematic illumination. The colors gradually emerge, featuring low contrast, realism, hyperrealism, vividness, and minimalism, all contributing to a profound depth of field. --ar 3:4（艺术风格高角度俯拍，一位女生骑着自行车沿着弯弯曲曲的小路骑行的背影照片，火车站附近，日落逆光环境下，镜头光晕独具魅力，柔和的光线，戏剧性的电影照明，颜色渐显，低对比度，写实主义，超写实主义，逼真，极简风格，景深，图片比例为3：4）。

生成的图片如图7-13和图7-14所示。

AI绘图机器人：Midjourney Bot。

图 7-13   图 7-14

2. 轮廓光（Midjourney）

轮廓光是指从侧面或背后照射的光线，使用轮廓光拍摄可以突出对象的边缘轮廓，创造出明亮的轮廓效果和深邃的阴影。

扫码看教学视频

关键词：Delicate male face, facial profile, black and white photography, contour light（精致的男性面部，面部轮廓，黑白摄影，轮廓光）。

生成的图片如图7-15和图7-16所示。

AI绘图机器人：Midjourney Bot。

图 7-15   图 7-16

7.1.5　控制视角关键词

在摄影中，控制视角能够显著改变图像的表现效果和叙事方式。通过控制视角，摄影师可以在创作中实现多样化的视觉表达和创新的构图。

1. 鸟瞰视角（Midjourney）

摄影中的鸟瞰视角是指从高处俯瞰拍摄，能够展现广阔的全景和空间布局，提供整体的视觉效果。

扫码看教学视频

关键词：Capture a magnificent city scenery from a high altitude using a bird's-eye view lens. The image should showcase well-arranged high-rise buildings, winding rivers, and bustling traffic networks, emphasizing the vast perspective and the prosperity of the city, bringing a stunning visual impact. --ar 16:9（使用鸟瞰镜头从高空捕捉壮丽的城市景观。画面中展示了排列整齐的

高楼大厦、蜿蜒的河流和繁忙的交通网络，强调了广阔的视角和城市的繁荣，给人带来了令人惊叹的视觉冲击，图片比例为16∶9）。

生成的图片如图7-17和图7-18所示。

AI绘图机器人：Midjourney Bot。

图 7-17

图 7-18

2. 虫视角（Midjourney）

摄影中的虫视角是指从低处仰拍，模拟昆虫视角，突出细节和独特的视觉效果，常用于强调对象的微观特征。

扫码看教学视频

关键词：Using a bug's-eye view, the camera captures a unique natural scene close to the ground, highlighting tiny blades of grass, the crawling trails of insects, and the subtle play of light and shadow on the ground. This creates a wondrous atmosphere of a microscopic world, making the viewer feel as if they are immersed in the minute details of nature. --ar 4:3（虫视角，贴近地面拍摄一幅独特的自然景象，画面中突出细小的草叶、昆虫的爬行轨迹以及光影在地面上的微妙变化，营造一种微观世界的奇妙氛围，让观者仿佛置身于大自然的细微之处，图片比例为4∶3）。

生成的图片如图7-19和图7-20所示。

AI绘图机器人：Midjourney Bot。

图 7-19

图 7-20

7.2 人像 AI 摄影实例

传统的人像摄影依赖相机和模特，但随着人工智能技术的发展，AI 算法能够生成高度逼真的人像。这种技术无须实际拍摄，便能快速创建多样化的虚拟人像，为艺术创作、广告设计和虚拟现实等领域带来新的可能性。

7.2.1 公园人像（文心一格）

在摄影中，公园人像拍摄通常利用自然光线和开放的环境背景，展现人物的自然风貌和轻松氛围。

扫码看教学视频

关键词：公园里，草坪，绿茵，树木，夏天，一个女孩坐在长椅上面对镜头，微笑，细节精致的面孔，佳能相机，全身照，8K，超高清人像，写实风。其他参数设置如图7-21所示。

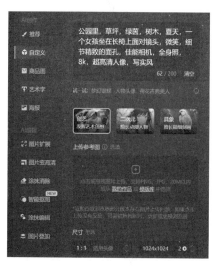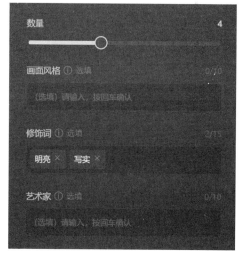

图 7-21

生成的图片如图7-22和图7-23所示。

图 7-22

图 7-23

7.2.2　室内人像（Stable Diffusion）

扫码看教学视频

在摄影中，拍摄室内人像能够精准地调整光线和氛围，以突出人物的细节和情感表达。

01 启动 Stable Diffusion，在界面上方选择 Stable Diffusion 模型，单击▼按钮，在下拉列表中选择 famousPeople_marthaHigareda.safetensors [194c2e26fa]，模型效果如图 7-24 所示。如果刚下载安装好模型，可单击旁边的🔄按钮进行更新，再打开下拉列表选择模型。

02 再选择面板上方的外挂VAE模型，单击▼按钮，在下拉列表中选择vae-ft-mse-840000-ema-pruned.safetensors，CLIP终止层数选择2，如图7-25所示。

图 7-24

图 7-25

03 进入"文生图"面板，在"正向提示词"文本框中输入一段关键词：Inside, in the living room, there was a man sitting on the sofa, dressed in houseclothes, with a cup of coffee in his hand, leisurely, frontal <lora:Portraits_and_beuty (1):0.8>（在屋内，客厅里，一个男人穿着家居服坐在沙发上，手里端着一杯咖啡，神态悠闲，面朝前方）。

04 在下面的"反向提示词"文本框中输入关键词：text logo, bad-hands-5, extra limb, Multiple cups of coffee, Three legs, missing limb, floating limbs, (mutated hands and fingers:1.1), disconnected limbs, mutation, mutated, blurry, amputation, 3d, cgi, airbrushed, model, render, sketch, cartoon, drawing, anime, UnrealisticDream, 0001SoftRealisticNegativeV8-neg, head out of frame，如图7-26所示。

图 7-26

05 其他参数设置如图7-27所示。

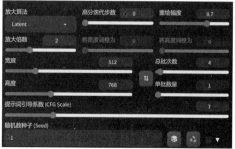

图 7-27

06 单击右上角的"生成"按钮，等待出图。

07 选择满意的图像，单击下方的"保存"按钮进行下载即可，生成效果如图7-28和图7-29所示。

图 7-28　　　　　　　　　　　　　　　　图 7-29

7.2.3　古风人像（Midjourney）

扫码看教学视频

在摄影中，拍摄古风人像一般通过运用传统服饰和古典场景，展现人物的古雅气质和文化韵味。

关键词：A Chinese woman wearing an elegant light-colored Hanfu, smiling at the camera. Her hair is braided and hangs over her chest. Ultra-high detail with realistic and natural skin texture, shot at 4 p.m. with sunlight, a simple background, captured with a Sony camera, a photographic work. --ar 3:4（一位中国美女，身穿浅色汉服，精致，面对镜头微笑。头发编成辫子垂在胸前。超高细节，皮肤纹理真实自然，下午四点拍摄，阳光，简单的背景，索尼相机拍摄，摄影作品，图片比例为3∶4）。

生成的图片如图7-30和图7-31所示。

AI绘图机器人：Midjourney Bot。

图 7-30　　　　　　　　　　　　　　　　图 7-31

7.2.4　电影镜头人像（Midjourney）

扫码看教学视频

在摄影中，电影镜头人像拍摄通过戏剧性的光影效果和富有叙事感的构图，营造出充满情感和故事性的视觉效果。

关键词：This movie will feature a beautiful female warrior with a sword, fighting, war, a scene from movie, snowy day, Hair dancing, Temple behind, wandering eye, in the style of Chinese calligraphy influence, northern and southern dynasties, rangefinder lens, dark gray, in the style of tokina at-x 11-16mm f/2.8 pro dx il, close-up intensity, dark beige and gray, magewave, romanticized views, realistic, martial arts style, highly detailed, clean lines, cinematic, stunning realistic lighting and shading, vivid, vibrant, octane render, 8K,very detailed --ar 21:9（本片塑造的是一个美丽的持剑女战士，战斗，战争，电影中的一个场景，雪天，飞舞的头发，寺庙背景，游目，中国书法影响的风格，南北朝，测距镜头，深灰色，TOKINA AT-X 11-16mm f/2.8 Pro DX IL 风格，特写，深米色和灰色，浪漫主义视角，写实，武侠风格，高度细腻，线条简洁，电影风格，令人惊叹的逼真光影，栩栩如生，充满活力，辛烷渲染，8K，非常细致，图片比例为21：9）。

生成的图片如图7-32和图7-33所示。

AI绘图机器人：Midjourney Bot。

图 7-32

图 7-33

7.3　动物 AI 摄影实例

动物摄影是一种捕捉动物生态、行为和美丽的摄影艺术。通过拍摄野生动物、宠物或动物园中的动物，展现它们的独特之处。动物摄影需要技术和耐心，以捕捉到精彩的瞬间和生动的画面。通过合适的构图、光线和快门速度，可以呈现出动物的优雅、力量和自然之美。动物摄影能够让人们更深入地了解动物的生活和习性，感受到它们与人类的共通之处。它不仅是一种记录和表达方式，更是对动物世界的致敬和保护。

7.3.1　鱼类动物（奇域AI）

鱼类摄影是一种专注于捕捉和展示各种鱼类的摄影艺术。通过在水下或水面上拍摄，展现鱼类在其自然栖息地中的姿态、色彩和动态。

扫码看教学视频

关键词：三维古风，池塘里满是锦鲤的生动景象。捕捉运动中锦鲤，一些在积极游泳，另一些似乎在休息或漂浮。锦鲤展现出了丰富的色彩，主要是橙色和白色，还有红色、黄色和黑色的图案。池塘里的水很黑，与锦鲤鲜艳的颜色形成了鲜明的对比。几只锦鲤的朝向不同，有些朝左，有些朝右，创造了一个充满活力和吸引力的构图。背景大多被锦鲤遮挡，但也有水生植物和其他鱼类的痕迹，为自然环境增添了色彩。整体光线自然明亮，照亮锦鲤，在水面上投下柔和的阴影。图像风格逼真，捕捉了锦鲤在自然栖息地的精髓。

负向关键词：绘画，平面。

生成的图片如图7-34和图7-35所示。

图 7-34　　　　　　　　　　　　　　　　　图 7-35

7.3.2　飞禽类动物（Midjourney）

扫码看教学视频

飞禽类摄影是一种专注于捕捉和展示各种飞禽的摄影艺术。通过拍摄鸟类在天空中飞翔、抓捕猎物或栖息的瞬间，展现它们的优雅、力量和独特之处。

关键词：Photo of an orange and white bird flying in the air, it is on top left side, its wings spread wide, snow-covered tree branch with black-crowned chickadee perched on one edge, winter landscape, Nikon D850, macro lens for detailed feather detail, soft blue background, high resolution for intricate details, natural light highlighting birds' feathers, serene atmosphere. --ar 4:3（一只橙白相间的鸟在空中飞翔，位于左上角，翅膀张开。一根覆盖着雪的树枝上，一只山雀栖息在一旁。冬季景观，使用尼康D850相机和微距镜头拍摄，以展示羽毛的细节，柔和的蓝色背景，高分辨率呈现精致细节，自然光照亮鸟儿的羽毛，营造宁静的氛围，图片比例为4：3）。

生成的图片如图7-36和图7-37所示。

图 7-36

图 7-37

7.3.3 哺乳类动物（Stable Diffusion）

扫码看教学视频

哺乳类动物是通过乳腺为幼崽哺乳的动物，拥有各种形态和行为。拍摄哺乳类动物主要是捕捉它们的优雅姿态和丰富的表情，展示自然的多样性和生命力。

01 启动Stable Diffusion，在界面上方选择Stable Diffusion模型，单击▼按钮，在下拉列表中选择epicphotogasm_ultimateFidelity.safetensors [e44c7b30c6]，模型效果如图7-38所示。如果刚下载安装好模型，可单击旁边的■按钮进行更新，再打开下拉列表选择模型。

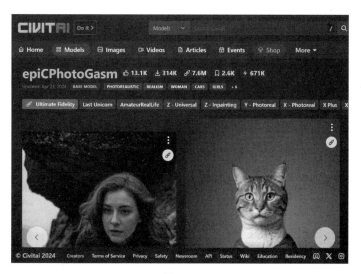

图 7-38

02 再选择面板上方的外挂VAE模型，单击▼按钮，在下拉列表中选择vae-ft-mse-840000-ema-pruned.safetensors，CLIP终止层数选择2，如图7-39所示。

图 7-39

03 进入"文生图"面板，在"正向提示词"文本框中输入一段关键词：Photo portrait of a cat, meadow, solo, sunset,<lora:celeste-cat_v2_seaart_sd15:0.7>, scenery, vibrant, celeste cat, Celeste, colorful, fall Sunny and crisp, Maximalist, futuresynth, hyper realistic, quiet（猫的肖像照片，在草地上，单独一只，日落，风景，色彩鲜艳，名叫Celeste的猫，色彩斑斓，秋天阳光明媚而清爽，极繁主义风格，未来合成风格，超现实，宁静）。

04 在下面的"反向提示词"文本框中输入关键词：cartoon, painting, illustration,(worst quality, low quality, normal quality:1.3), bad anatomy, bad proportions, deformed, detached tail, mutated, epiCPhotoGasm-colorfulPhoto-neg, greyscale, monochrome，如图7-40所示。

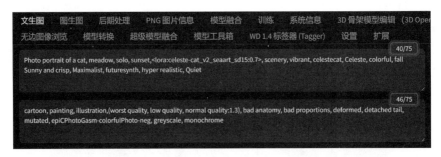

图 7-40

05 在正向提示词中添加Lora模型，选择"Lora"面板，找到下载好的Lora模型，单击模型即可进行使用，并调整模型的控制权重参数为"0.7"，如图7-41所示。

提示： Lora模型为Celeste Cat V2.0，如图7-42所示。

图 7-41

图 7-42

06 其他参数设置如图7-43所示。

图 7-43

07 单击右上角的"生成"按钮，等待出图。

08 选择满意的图像，单击下方的"保存"按钮进行下载即可，生成效果如图7-44和图7-45所示。

图 7-44　　　　　　　　　　　　　　　　图 7-45

7.3.4　昆虫类动物（Midjourney）

扫码看教学视频

昆虫类动物是地球上最丰富和多样的生物群体，具有独特的外形和生态功能。昆虫类动物摄影主要展示它们的细节和多样性，揭示自然的神奇和美妙。

关键词：Slow movement, closeup, The butterfly flapping its wings, in the tropical rainforest of Xishuangbanna, soft light, DOF --ar 3:4（慢动作，特写，蝴蝶，拍打翅膀，西双版纳热带雨林，柔光，DOF，图片比例为3∶4）。

生成的图片如图7-46和图7-47所示。

AI绘图机器人：Midjourney Bot。

图 7-46

图 7-47

7.4 风光 AI 摄影实例

风光摄影是指以大自然的美景、风光为主题的摄影类型。它追求捕捉和呈现自然环境中的壮丽景色、迷人的光影、色彩和细节，通过照片来传达出自然带给人的美的感受和体验。

需要注意的是，虽然AI生成的风光照片可能具有逼真的效果，但它们仍然是通过人工智能算法生成的，并不是真实的摄影作品。因此，在风光摄影中，人工智能技术可以作为辅助工具，但仍然无法完全取代摄影师的创造力和技术。

7.4.1 自然风光（Midjourney）

自然风光摄影专注于捕捉自然景观的美丽与细节，展现山川、湖泊和天空等自然元素的广阔与和谐。

扫码看教学视频

关键词：Blue bright lights of the aurora borealis shining over an iceberg in the snow, in the style of serge naijar, arthur tress, dark white and green, light navy and green, mike winkelmann, dark red and sky-blue, cosmic --ar 3:4（蓝色明亮的北极光照耀在雪中的冰山上，谢尔盖·纳贾尔的风格，亚瑟·特拉，深白色和绿色，浅海军蓝和绿色，迈克·温克尔曼，深红色和天蓝，宇宙，图片比例为3：4）。

生成的图片如图7-48和图7-49所示。

AI绘图机器人：Midjourney Bot。

图 7-48　　　　　　　　　　　　　　　　　　　　　　图 7-49

7.4.2　街道风光（Midjourney）

街道风光摄影侧重于捕捉城市街道的独特氛围和生活细节，展现城市景观、建筑和人文活动的动态与韵味。

扫码看教学视频

关键词：Small alleys, streets, mundane smoke and mirrors, street food market, sense of storytelling, fruit stand, summer, tindal light, morning, Nikon camera shot, high detail, high quality, clear, 32K, real photography --ar 4:3（小街巷，街道，平凡的烟火气，马路菜市场，故事感，水果摊，夏天，丁达尔光线，早晨，尼康相机拍摄，高细节，高品质，清晰，32K，真实摄影，图片比例为4：3）。

生成的图片如图7-50和图7-51所示。

AI绘图机器人：Midjourney Bot。

图 7-50

图 7-51

7.4.3 田园风光（文心一格）

扫码看教学视频

田园风光摄影专注于捕捉乡村自然景观的宁静与质朴，展现田野、农舍和自然环境的和谐美感。

关键词：中国水稻梯田鸟瞰图，索尼相机拍摄，光影派风景，中国田园风光，乡村风光风格，后期处理。

其他参数设置如图7-52所示。

图 7-52

生成效果如图7-53和图7-54所示。

图 7-53

图 7-54

7.4.4　名胜古迹（奇域AI）

名胜古迹摄影旨在捕捉历史遗址和文化遗产的壮丽与细节，展现其独特的建筑风貌和历史价值。

关键词：令人难忘的中国紫禁城景观拍摄，经典角度，细节，质感，高品质，超细腻，逼真，焦点锐利，以温暖的天空为背景，令人惊叹的景色，摄影作品。

负向关键词：绘画、平面。

生成的图片如图7-55和图7-56所示。

图 7-55　　　　　　　　　　　　　　　　图 7-56

7.5　AI 修图：开启修图新篇章

使用AI工具修图具有高效、智能的特点，AI工具能够自动调整图像的亮度、对比度和色彩，修复细节并优化扩充图片内容，还可以快速实现精准修饰、风格转换和细节增强，显著提升图像质量和创意表现。

7.5.1　Photoshop AI修图

Photoshop是美国Adobe公司旗下著名的集图像扫描、编辑修改、图像制作、广告创意及图像输入与输出于一体的图形图像处理软件，被誉为"图像处理大师"。其功能十分强大并且使用方便，深受广大设计人员和计算机美术爱好者的喜爱。

1. AI一键移除物体

"移除"工具🖊通过内容识别技术，自动识别并替换图像中不需要的区域，适合快速修饰大面积或复杂的区域。

01 启动Photoshop 2024软件，按快捷键Ctrl+O，打开相关素材文件"森林里的老鼠"，如图7-57所示。

02 选择"移除"工具🖊，将鼠标指针放置在需要去除的老鼠之上，单击拖动鼠标进行涂抹，如图7-58所示。

03 最终移除效果如图7-59所示。

图 7-57　　　　　　　　图 7-58　　　　　　　　图 7-59

2. AI一键扩展图像

使用创成式填充功能可以在几秒内带来惊喜的效果，同时还可以通过该功能扩展图像画面。

扫码看教学视频

01 启动Photoshop 2024软件，按快捷键Ctrl+O，打开相关素材文件"水果盘"，如图7-60所示，画面中的水果盘子并不完整。

02 首先使用"裁剪"工具 扩展画布宽度，再使用"矩形框选工具" 对扩展的范围进行框选，如图7-61所示。

图 7-60　　　　　　　　　　　　　图 7-61

03 在上下文任务栏中单击"创成式填充"按钮，不需要输入任何描述直接单击"生成"按钮，如图7-62所示，即可在选区内扩充图像，扩展结果如图7-63所示。

图 7-62　　　　　　　　　　　　　图 7-63

> **提示：** 如果需要在选区内填充元素，如花草树木或动物等，需要在文本框内输入文字，描述所要添加的内容的名称或情况，方便系统在识别文字内容后执行填充操作。

3. AI一键生成物体

使用上下文任务栏中的"创成式填充"指令，可以轻松在画面中增加想要的内容。

扫码看教学视频

01 启动Photoshop 2024软件，按快捷键Ctrl+O，打开相关素材文件"红房子"，如图7-64所示。

02 使用"矩形选框工具" 框选画面，如图7-65所示，单击上下文任务栏中的"创成式填充"按钮，输入"一棵大树"后单击"生成"按钮，生成内容后的效果如图7-66所示。

图 7-64

图 7-65

图 7-66

03 再使用"矩形选框工具" 框选草坪部分，如图7-67所示，单击上下文任务栏中的"创成式填充"按钮，输入"一群吃草儿的小羊"，单击"生成"按钮，生成内容后的效果如图7-68所示。

图 7-67

图 7-68

> **提示：** 在使用"创成式填充"指令时，如果没有出现满意效果，可以多次单击"生成"按钮，每次生成3个选项，记录在右侧的面板，用户可以切换查看，如图7-69所示。

图 7-69

4. AI一键更换背景

使用上下文任务栏工具，可以轻松快速选择主体物，并替换画面背景。

扫码看教学视频

01 启动Photoshop 2024软件，按快捷键Ctrl+O，打开相关素材文件"商务男士"，如图7-70所示。

02 在上下文任务栏中单击"选择主体"按钮，快速选择人物，没有框选好的部分可以使用"套索工具" ○ 重新框选，然后再单击鼠标右键，单击"选择反向"命令，如图7-71所示。

图 7-70

图 7-71

03 单击"创成式填充"按钮，输入"在会议厅"后单击"生成"按钮，如图7-72所示。

图 7-72

04 最终生成效果如图7-73所示。

7.5.2 Midjourney修图

Midjourney不仅具有图像生成功能，还有各种调整小功能，掌握如何利用这些功能可以生成理想的效果。通过不断地实践和尝试，充分利用Midjourney的强大功能，可以创作出令人惊叹的作品。

图 7-73

1. AI照片的无损放大

利用Midjourney的无损放大功能可以保持原图细节放大图片，也就是说，可以一键生成分辨率放大到原来2～4倍的图片，清晰地放大细节。

扫码看教学视频

01 首先启动Discord，进入个人创建服务器页面。

02 单击聊天对话框，选择/imagine文生图指令。

03 在指令框中输入英文关键词：Young beautiful Audrey Hepburn in the castle, near the window, walking to the palace, in the style of pseudo-historical fiction, light pink and light green, movie still, cranberry core, understated elegance, exaggerated facial features, iconic, stylish costume design, baroque-inspired drama, large view --ar 16:9（年轻貌美的奥黛丽·赫本在城堡中，靠近窗户，走向宫殿，伪历史小说风格，浅粉

色和浅绿色，电影剧照，蔓越莓果核，低调优雅，夸张的五官，标志性，时尚的服装设计，巴洛克风格的戏剧，大视角，图片比例为16：9），如图7-74所示。

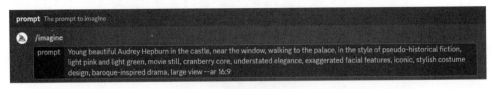

图 7-74

04 按Enter键确认，选择一张满意的图片，单击下方对应的U按钮进行放大，如图7-75所示。

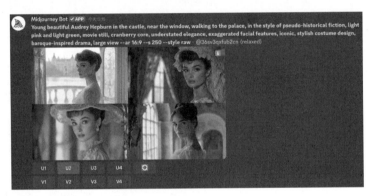

图 7-75

05 此时图像下方出现一排按钮，如图7-76所示，Upscale（Subtle）按钮为高档（细微），升级后细节与原图几乎一样，Upscale（Creative）按钮为高档（创意），升级后细节会有少量修改。用户可任意单击其中一个按钮进行放大。

图 7-76

06 放大图片对比细节，如图7-77所示为原图，如图7-78所示为单击Upscale（Subtle）放大图像的效果，如图7-79所示为单击Upscale（Creative）按钮放大图像的效果。

图 7-77　　　　　　　　　　图 7-78　　　　　　　　　　图 7-79

2. AI照片的拓展

通过使用Midjourney的图片扩展功能，可以轻松地调整生成图片的尺寸。用户可以选择向上、下、左或右4个不同的方向来扩展图片，也可以选择以中心点为基准进行放大。这可以帮助用户更好地调整和优化图片的尺寸和比例，以满足不同的需求和用途。

扫码看教学视频

01 首先启动Discord，进入个人创建服务器页面。

02 单击聊天对话框，选择/imagine文生图指令。

03 在指令框中输入英文关键词：A cat with a snow-covered back, standing on the eaves of a house looking at the camera, chubby, snowing, surrounded by plants, frozen, outdoors, distant view, natural light, HDR, post color grading, high detail, shot in 8K（一只被雪覆盖的猫，站在屋檐上看镜头，胖乎乎的，下雪，被植物包围着，冻结，在户外，远景，自然光，HDR，后期调色，高细节，用8K拍摄），如图7-80所示。

图 7-80

04 按Enter键确认，即可生成4张相应的图片，如图7-81所示。

05 使用U按钮放大所选图像，放大图像后，图像下方会出现一排按钮，如图7-82所示。

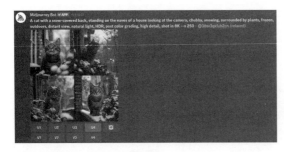

图 7-81 图 7-82

第二排Zoom Out按钮的含义如下。

- Zoom Out 2x：2倍变焦，在图片边缘填充2倍焦躁的内容。
- Zoom Out 1.5x：1.5倍变焦，在图片边缘填充1.5倍焦躁的内容。
- Custom Zoom：自定义变焦，可以自定义变焦倍数，也可以重新调整图片的比例。

06 单击Zoom Out 1.5x按钮，扩图效果如图7-83所示，单击Zoom Out 2x按钮，扩图效果如图7-84所示。

第三排箭头按钮的含义如下。

-
-

- ⬅：向左平移拓展图像。
- ➡：向右平移拓展图像。
- ⬆：向上平移拓展图像。
- ⬇：向下平移拓展图像。

图 7-83 图 7-84

07 单击➡按钮进行向右平移拓展图像，如图7-85所示。

08 向右平移拓展效果如图7-86所示。

图 7-85 图 7-86

09 单击⬆按钮进行向上平移拓展图像，如图7-87所示。

10 向上平移拓展效果如图7-88所示。

图 7-87

图 7-88

3. AI图像局部重绘

扫码看教学视频

下面将使用Midjourney的局部重绘功能对画面中的花篮进行修改，具体操作如下。

01 首先启动Discord，进入个人创建服务器页面。

02 单击聊天对话框，选择/imagine文生图指令。

03 在指令框中输入英文关键词：A young girl dressed in blue is holding a basket of flowers, with a light sky blue and light yellow style, rustic nostalgia, solid color, deep blue and light red, coastal scenery, elegant clothing, photo --ar 3:4（一个身穿蓝色连衣裙的少女手捧花篮，浅天蓝与浅黄风格，质朴怀旧，纯色，深蓝与浅红，海岸风光，优雅的服饰，写真，图片比例为3：4），如图7-89所示。

图 7-89

04 按Enter键确认，即可生成4张相应的图片，如图7-90所示，使用U按钮放大所选图像。

05 放大图像后，单击图像下方的Vary（Region）按钮，打开编辑界面，如图7-91所示。

06 单击"套索工具" 框选出花篮区域，在输入框中输入关键词：Holding a brown stuffed bear doll（抱着一只棕色的毛绒小熊玩偶），如图7-92所示。

图 7-90

图 7-91

图 7-92

提示： 目前Midjourney的选区工具有两种，一种是矩形工具，一种是套索工具，选择适合的工具对区域进行选取重绘即可。

【取消】↺：返回，选择好了区域不想要，可单击这个取消按钮；

【矩形工具】▣：适合大范围或者比较广泛的区域进行重绘；

【套索工具】⦾：可以实现更加精细化自由区域的重绘；

【提交工作】◉：最后一步，确认发送。

07 单击"提交工作"按钮◉发送绘图指令，效果如图7-93所示。

图 7-93

4.真实人脸无痕替换

Midjourney生图的随机性非常强，在替换人脸时无论是垫图还是融合，都很难把脸还原出来，目前可以借助InsightFaceSwap discord机器人对人脸进行控制，轻松地将自己的照片和AI图片进行转换。

（1）添加InsightFaceSwap discord机器人

InsightFaceSwap discord机器人是一种基于人工智能的人脸控制技术，它可以在Discord平台上使用。通过与该机器人交互，用户可以选择上传自己的图片，并使用该技术将人脸替换成其他人的脸。该技术的优点在于它可以在不侵犯肖像权和隐私权的前提下，为用户提供更多的人脸控制选项和创意可能性。

扫码看教学视频

01 首先打开Discord论坛并且登录。

02 然后打开网址：https://github.com/deepinsight/insightface/tree/master/web-demos/swapping，进入InsightFace网页，如图7-94所示。

图 7-94

03 进入网页后往下浏览，找到Top News，单击2023-04-01后面的蓝色超链接，如图7-95所示。

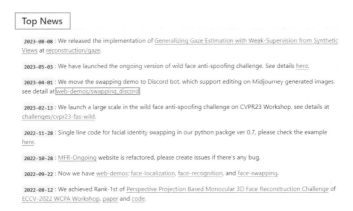

图 7-95

04 打开链接的页面后继续往下浏览，找到Step-by-step guide，并单击下方的蓝色超链接，如图7-96所示。

图 7-96

05 跳转到Discord中，弹出面板，如图7-97所示，选择需要添加的服务器位置后，单击"继续"按钮。

06 在出现的面板中单击"授权"按钮，如图7-98所示。

07 完成后，单击前往服务器按钮，即可添加成功，如图7-99所示。

图 7-97

图 7-98

图 7-99

08 添加完成后，打开添加的服务器在面板右上角单击"隐藏成员名单"按钮，可以找到InsightFaceSwap机器人显示位置，如图7-100所示。

图 7-100

扫码看教学视频

（2）人脸替换

首先选择一张需要替换的人脸样本，注意选择面部清晰且没有遮挡物的正脸照片。

09 在Midjourney页面中单击聊天框，使用/saveid指令，如图7-101所示。

图 7-101

10 首先单击"idname"按钮，对上传的人像进行命名，然后单击"请添加文件"按钮，上传需要替换的人像素材，如图7-102所示。

图 7-102

⑪ 按Enter键确认，上传成功后，这张图片被命名为sucai1，如图7-103所示。

人像素材上传成功后，可以选择一张人像或者生成一张人像进行脸部替换。下面介绍将生成的图片替换成上传的人脸的具体操作。

图 7-103

扫码看教学视频

⑫ 首先启动Discord，进入个人创建服务器页面。

⑬ 单击聊天对话框，选择/imagine文生图指令。

⑭ 在指令框中输入英文关键词：A beautiful 28 years old Chinese woman in a cheongsam, elegant and outstanding, with pearl earrings and pearl necklace, old Shanghai style, extreme close-up, HD 18K --ar 3:4（一位28岁的美丽中国女性，穿着旗袍，气质优雅出众，戴着珍珠耳环和珍珠项链，老上海风格，极致特写，高清18K，图片比例为3∶4），如图7-104所示。

图 7-104

⑮ 按Enter键确认，生成的图片如图7-105所示，再在图片上单击鼠标右键，

选择"保存图片"命令，如图7-106所示。

16 在Midjourney页面中单击聊天框，选择/swapid指令，首先单击idname按钮，输入前面命名的名字sucai1，再单击"添加文件"按钮，添加刚生成的图片，如图7-107所示。

图 7-105　　　　　　图 7-106　　　　　　　　　　图 7-107

17 按Enter键确认，原图如图7-108所示，替换人脸后的图片如图7-109所示。

图 7-108　　　　　　　　　　　　　　　　图 7-109

第 8 章
音频创造：AI 塑造音频的奇妙方式

    AI在音频领域的应用极大地提升了人们的创作效率和灵活性。通过AI语音和配音技术，人们可以快速生成高质量的语音内容，而且AI生成的纯音乐可以辅助音乐人探索全新的音乐风格和创意。这些技术不仅简化了音乐的制作过程，还为创作者提供了丰富的灵感和工具。

8.1 AI 语音与配音技术

AI语音与配音技术结合，提升了传统配音的效率和灵活性。传统配音依赖人工录制和编辑，过程烦琐且耗时。而AI技术能够快速生成高质量、自然流畅的语音，支持多语言和多风格选择。通过AI，人们可以轻松调整语音的语调、情感和语速，减少重复工作，显著提高配音的速度和精确度，助力创作者实现更多样化的音频效果。

8.1.1 AI文本转语音

本节将结合前面的知识，使用ChatGPT与音频AI联动，生成AI语音，接下来介绍详细的制作过程。

扫码看教学视频

01 打开浏览器，通过搜索引擎，打开ChatGPT，输入内容如下。

? 问：（ChatGPT）

你是一名专业的电商主播，现在需要你介绍一款狗狗肉干零食，介绍时要突出以下卖点：健康、原切肉干、原汁原味、100%纯肉、新鲜牛肉、磨牙耐咬。此外，还要提到促销活动：拍二发三。要求用专业的口播方式，内容简洁，突出产品的卖点，并引发客户的购买欲。

02 收到指令后ChatGPT将会根据要求生成相应的文本，内容如下。

◎ 答：

大家好，欢迎来到我们的直播间！今天我为大家带来一款超级棒的宠物零食——狗狗肉干。各位铲屎官们，这款肉干绝对是您家爱犬的最佳选择！

首先，这款狗狗肉干选用100%纯牛肉制作，绝对的原切肉干，无任何添加剂，保留了牛肉的原汁原味，健康又美味！相信各位宠物家长都非常关心爱犬的健康，这款肉干绝对让您放心。

再说我们的制作工艺，全部采用新鲜牛肉，每一块肉干都经过严格筛选和低温烘干制作，保持了牛肉的天然营养成分，同时口感非常好，并且非常耐咬，还能有效帮助您的爱犬磨牙，保持口腔健康。

还有一个好消息，现在购买我们这款狗狗肉干，拍二发三！是的，您没有听错，拍二发三！赶紧为您家的小宝贝囤上一些吧，绝对划算！

别再犹豫了，给您家爱犬一个健康美味的选择，这款狗狗肉干绝对不会让您失望。心动不如行动，快来下单吧！

03 通过搜索引擎，打开腾讯智影，单击"文本配音"按钮，如图8-1所示。

04 进入文本配音页面，页面布局如图8-2所示。单击左上方的操作按钮可以对音色和配乐分别进行调整，下方的功能区提供"多音字检测"及音频时长预测，并且最高支持8000字上限文本朗读。上方的功能区提供"创作文章"功能，通过描述需求，让AI帮助智能生成文案。

图 8-1   图 8-2

05 将生成的文本复制到页面中，对音色和配乐分别进行调整，如图8-3所示。

图 8-3

06 文本框上方的选项按钮用于调整文本阅读的语速、停顿和多音字的发音等，如图8-4所示。

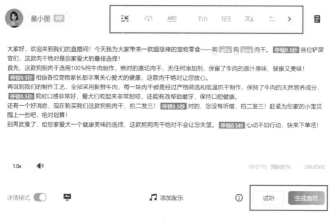

图 8-4

07 完成上述操作后，可单击"试听"按钮进行试听，达到满意的效果后单击下方的"生成音频"按钮，即可生成一段语音。

8.1.2　AI声音克隆

声音克隆是指上传一个声音文件，可以是个人的音频，也可以是其他人物的音频，创造出克隆的声音。

扫码看教学视频

01 打开浏览器，通过搜索引擎，打开米可智能（minecho）页面，如图8-5所示。

图 8-5

提示：支持的功能如下。

➤ 视频翻译：将视频的语音翻译为其他语言的语音，可以克隆原音色，也可以使用内置的音色或者定制的音色，支持15种语言。

➤ AI 配音：将文本转为语音，可以使用内置的音色（10多种语言，近百种音色），也可以使用定制的音色（支持15种语言）。

➤ 声音克隆：暂无公开 API，如果需要通过 API 克隆人声，可以联系客服企业定制。

02 单击"声音克隆"按钮，进入声音克隆页面，单击"上传音视频"或"上传录音"按钮，上传一段需要进行克隆的音频，如图8-6所示。

图 8-6

03 上传成功后，设置"音色名称"和"源文件语言"后，单击"提交"按钮即可进行声音克隆，如图8-7所示。

提示： 上传云端自动训练，无须停留等待，可以在"我的音色"中查看状态，进行管理，如图8-8所示。

图 8-7

图 8-8

04 返回"创作空间"主页，单击"AI配音"按钮，如图8-9所示。进入"AI配音"页面，在"发言人"下拉列表中选择上传的克隆声音，并分别设置"发音语言"和"文本内容"，如图8-10所示。

图 8-9

图 8-10

05 单击"提交"按钮后，即可生成配音，可在"我的作品"中进行查看，如图8-11所示。

8.1.3 AI视频翻译

扫码看教学视频

AI视频翻译能将视频中的语音翻译成其他语言，可以选择克隆原音色、使用内置音色或定制音色。打开浏

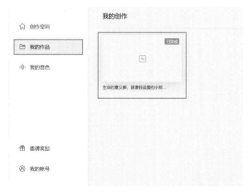

图 8-11

览器，通过搜索引擎，打开米可智能（minecho）页面，参见图8-12。

图 8-12

01 单击"视频翻译"按钮，上传需要翻译的视频，如图8-13所示。

02 再将其他信息补充完整，如图8-14所示。

图 8-13   图 8-14

03 单击"提交"按钮后，即可生成配音，用户可在"我的作品"中进行查看，如图8-15所示。

8.2 AI 音乐创作与定制

AI音乐创作与定制结合了传统音乐创作的艺术性与现代技术的高效性。传统音乐创作依赖艺术家的灵感和技术，而AI可以通过算法生

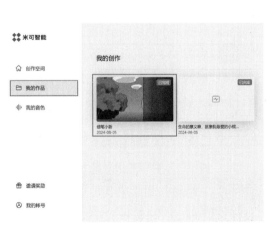

图 8-15

成风格多样化的音乐和节奏，迅速为音乐人提供创作灵感和曲目草案。AI还能根据用户的需求自动调整音乐风格、情感和结构，大幅度缩短创作周期，同时为音乐人提供个性化的创作支持和创新思路，拓展创作的可能性。

8.2.1 AI纯音乐创作

扫码看教学视频

通过AI技术进行纯音乐创作，不同于传统的音乐创作，创作者只需一台电脑即可生成各种风格的音乐。操作简便，无须复杂的设备或专业的音乐背景，AI会根据用户输入的提示词自动创作音乐，实现高效且多样化的音乐创作。

01 打开浏览器，通过搜索引擎，打开Suno页面，如图8-16所示。在该页面中能够看到其他人生成的音乐，单击即可进行播放。

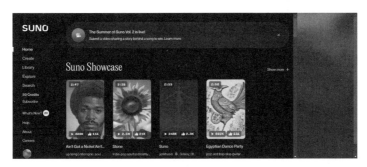

图 8-16

02 在播放歌曲时，在页面右侧能够看到播放的歌曲信息，如图8-17所示。

03 单击右侧■按钮，能够对该歌曲进行再次创作、编辑或重复使用提示词，如图8-18所示。

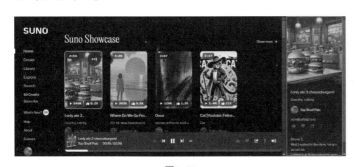

图8-17

图8-18

04 单击左侧的Create选项，进入音乐创作页面，如图8-19所示。此时会出现Instrumental按钮，激活该按钮则表示生成的音乐为纯音乐，不会出现人声，如果关闭该按钮，则AI会模仿人声进行歌唱。

05 输入A song about the lighthearted joy of traveling on the road（一首关于旅行路上轻松愉悦的歌），并调整其他参数，如图8-20所示。

图 8-19   图 8-20

06 单击Create按钮，即可生成两首纯音乐，如图8-21所示。

图 8-21

07 生成音乐后，如果对生成的音乐满意，可单击■按钮，选择Download选项进行下载，如图8-22所示。

图 8-22

8.2.2 AI歌曲创作

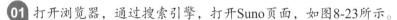

扫码看教学视频

创作者使用AI进行歌曲创作，只需一台电脑即可生成各种风格的
音乐，无须歌手演唱或伴奏创作。只需输入提示词，即可获得一首
符合要求的音乐。但是，需要注意的是，仅使用提示词描述音乐风格可能会导
致生成的音乐风格较为随机。

01 打开浏览器，通过搜索引擎，打开Suno页面，如图8-23所示。

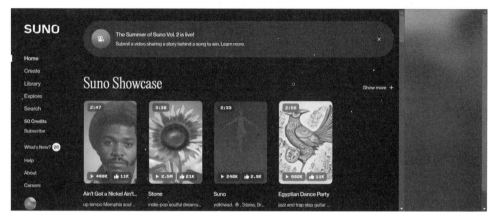

图 8-23

02 单击左侧的Create选项，
进入音乐创作页面，参见图8-19
所示。关闭Instrumental按钮。输
入Create a song about a dog named
Lucky. Lucky is a shepherd dog,
handsome and lively. He always likes
to smile at me and brings me joy.
We enjoy listening to fun, cute, and
cheerful children's music（创作一
首关于小狗的歌曲，小狗名字叫作
Lucky，它是一只牧羊犬，英俊，
活泼，它总是喜欢对我微笑，带给
我快乐，我们喜欢听有趣可爱欢快
的儿童音乐）。并调整其他参数，
如图8-24所示。

图 8-24

03 单击Create按钮，即可生成两首音乐，如图8-25所示。

图 8-25

04 生成音乐后，如果对生成的音乐满意，可单击██按钮，选择Download选项进行下载，如图8-26所示。

图 8-26

8.2.3　AI私人音乐定制

使用描述词生成的歌曲往往具有较强的随机性，歌词和风格完全依赖AI的自由发挥，这使得获得理想效果变得困难。为了使音乐更符合个人需求，可以采取以下操作。

扫码看教学视频

01 打开浏览器，通过搜索引擎，打开Suno页面，如图8-27所示。

图 8-27

提示： 在图8-28所示的歌词中，能够看到中间插入了一些非歌词内容，这些内容通常用[ ]符号括起来，称为"元标签"（meta tags）。元标签在AI音乐创作中用于描述和标记音乐内容的附加信息，能够帮助创作者更准确地传达意图。需要注意的是，这些元标签并不会被直接演唱或说出。

元标签可以包含如 [主歌][verse] 和 [副歌][chorus] 等标记，以区分不同的歌曲部分。此外，元标签并不固定，用户可以根据音乐创作的需求自定义，例如 [狗叫][barking]、[哔哔声][beeping] 等。注意，元标签必须使用英文来编写。

02 单击左侧的Create选项，进入音乐创作页面，激活Custom按钮，如图8-29所示。

图 8-28

图 8-29

03 音乐创作页面分成3大板块：歌词、音乐风格和标题。在Lyrics（歌词）下方的Make Random Lyrics按钮表示随机生成歌词，如图8-30所示。

04 在Style of Music（音乐风格）下方，有一排音乐风格选项，如果只有歌词但是还不确定音乐风格，可以使用下方提示的音乐风格进行创作，如图8-31所示。

图 8-30

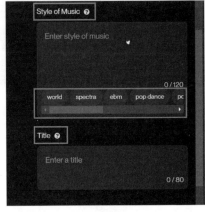

图 8-31

提示： Lyrics（歌词）写作规范如下。

➢ 行数限制：单段4～8行。
➢ 引用元标签。
➢ 段落间要有空间间隔。
➢ "（ ）"表示即兴旁白。

接下来结合前面介绍知识，将ChatGPT与Suno联动，创作一首私人定制的AI音乐，接下来介绍详细的制作过程。

? 问1：（ChatGPT）

你知道Suno AI音乐创作软件吗？

答：

是的，我知道Suno AI音乐创作软件。Suno AI是一款使用人工智能技术进行音乐创作的软件，旨在帮助用户轻松地生成音乐作品。以下是关于Suno AI的一些关键点。

1. 自动作曲：Suno AI能够根据用户输入的参数和要求，自动生成旋律、和弦进程和其他音乐元素。这对没有专业音乐背景的用户来说特别有用。

2. 多种风格：软件通常支持多种音乐风格和流派，用户可以根据自己的喜好选择合适的风格进行创作。

3. 易于使用：Suno AI通常具有用户友好的界面，即使是音乐新手也能快速上手。

4. 高效创作：利用AI的强大计算能力，Suno AI可以在短时间内生成高质量的音乐作品，大大提高了创作效率。

5. 应用广泛：Suno AI可以用于个人娱乐、背景音乐创作、广告音乐、游戏音轨等各种场景。

如果你有更多具体问题，或者想了解如何使用Suno AI来创作音乐，可以告诉我，我会尽力提供帮助。

? 问2：（ChatGPT）

以下是Suno AI中歌词写作规范。

1. 行数限制：单段4～8行。

2. 引用元标签。

3. 段落间要有空间间隔。

4. "（ ）"表示即兴旁白。

请你记住这些歌词的写作规范。

○ 答：

好的，我已经记住了Suno AI中歌词写作的规范。以下是这些规范的详细描述。

1. 行数限制：单段4～8行。

2. 引用元标签。

3. 段落间要有空间间隔。

4. "（ ）"表示即兴旁白。

如果你需要根据这些规范创作或编辑歌词，请随时告诉我。

? 问3：（ChatGPT）

以下是一段我在Suno AI找到的优秀歌词，请参考以下格式。

By Brutus

[Catchy Instrumental solo]

[verse 1]

Beware, beware the embers' glow

As they fade in the night so slow

Their dying light, a final plea

To tales of warmth and memory

[verse 2]

Once blazing bright, now barely seen

A dance of orange, red, and green

The fire's child, reduced to ash

Its story told in one last flash

[verse 3]

Oh why, oh embers, do you fade?

Have you forgotten how you played?

The hope and comfort that you brought

The battles 'gainst the cold you fought

[verse 4]

The hearth grows cold, the shadows creep

As embers fall into their sleep

What do they seek in their last breath?

A chance to cheat impending death

[verse 5]

But on the edge of dark and light

They find no rescue from their plight

Alone they face the coming chill

Their warmth and power all but nil

[verse 6]

In final moments, hear them cry

Beware, beware, we soon shall die

Remember us, our fading gleam

Remember us, your last dream

◉ 答：

明白了，我会参考你提供的歌词格式进行创作。

❓ 问4：（ChatGPT）

在创作音乐的过程中，需要添加一些元标签，在刚刚发送给你的歌词中，用 [] 符号括起来的内容就被称为"元标签"（meta tags）。元标签在 AI 音乐创作中用于描述和标记音乐内容的附加信息，能够帮助创作者更准确地传达意图。需要注意的是，这些元标签并不会被直接演唱或说出。元标签可以包含如 [主歌][verse] 和 [副歌][chorus] 等标记，以区分不同的歌曲部分。此外，元标签并不固定，可以根据音乐创作的需求自定义，例如 [狗叫][barking]、[哔哔声][beeping] 等。同时，元标签必须使用英文来编写。你了解了吗？

◉ 答：

了解了，元标签是用来标记和描述音乐内容的附加信息的，并且在AI音乐创作中能够帮助精确传达创作意图。它们不会被直接演唱或说出，但对于创作和编排有重要作用。

在创作歌词时，我会使用英文元标签来标记不同的部分。

❓ 问5：（ChatGPT）

接下来请你创作一首具有夏日气息的英文歌，在歌曲中需要表达出夏日的昼夜、多风的黄昏、山边的阳台、翻滚的麦浪、凉爽的风和柔软的晚星等。请参考宫崎骏和周杰伦的音乐风格进行创作。

◉ 答：

好的，我会结合宫崎骏的自然梦幻风格和周杰伦的现代流行元素，创作一首充满夏日气息的英文歌。以下是符合这些要求的歌词，并且使用了适当的元标签。

Summer Embrace

[Catchy Instrumental solo]

[verse 1]

Underneath the summer sun's warm glow

On the balcony where soft winds blow

Golden fields of wheat sway in time

With the rhythm of a day so fine

[pre-chorus]

The evening breeze whispers through the trees

As twilight dances with gentle ease

A sky brushed with hues of orange and pink

Where we find solace and time to think

[chorus]

Oh, summer's here with a vibrant grace

From daylight's warmth to the night's embrace

On the mountain's edge, we feel so free

In the cooling wind, and the stars we see

[verse 2]

As the sun sets low and shadows play

The twilight turns to a soft ballet

Fields of gold turn to shades of night

With stars that sparkle, pure delight

[pre-chorus]

The cool breeze kisses the evening air

We watch the stars with a tranquil stare

Each moment's a dream in this summer scene

Where everything's calm, serene, and keen

[chorus]

Oh, summer's here with a vibrant grace

From daylight's warmth to the night's embrace

On the mountain's edge, we feel so free

In the cooling wind, and the stars we see

[bridge]

In the twilight's soft and gentle hue

We cherish these moments, me and you

The summer's magic fills the air

With a love that's beyond compare

[outro]

As the stars fade with the break of dawn

We hold the night until it's gone

In our hearts, this summer dream will stay

Until we meet the next summer's day

这首歌通过细腻的描绘展现了夏日的美丽，包括温暖的白昼、多风的黄昏、山边的阳台、翻滚的麦浪、凉爽的风和柔软的晚星。希望这首歌能传达出你所期望的夏日气息。如果有任何需要修改或进一步调整的地方，请告诉我！

05 接下来将ChatGPT生成的歌词导入Lyrics（歌词）下方的文本框中，如图8-32所示。

? 问6：（ChatGPT）

我现在需要填写*Summer Embrace*这首歌的音乐风格，请你给出关于这首歌曲的音乐风格。

图 8-32

◎ 答：

根据*Summer Embrace*的歌词和整体风格，这首歌传达了轻松、宁静和自然的夏日氛围。以下是适合这首歌曲的音乐风格选项。

Folk（民谣）：这首歌的自然风光和悠闲氛围非常符合民谣的风格，尤其是在歌词中对夏日景象的细腻描绘。

Ambient（环境音）：环境音乐能够很好地捕捉歌词中的宁静和自然感，创造出宽广的空间感和放松的氛围。

Chillout（放松）：放松风格适合营造一种轻松愉快的氛围，与歌曲中的夏日主题和凉爽的晚风相契合。

Acoustic（原声）：原声音乐的简单和自然感能很好地展现歌词中的夏日场景，使其更具亲密感和真实感。

Indie Pop（独立流行）：独立流行风格适合展示这首歌柔和的旋律和清新感，同时可以增添一些现代感。

Soft Rock（软摇滚）：软摇滚风格可以为这首歌带来一些轻柔的动感，同时保持其悠闲和自然的感觉。

选择合适的音乐风格可以帮助你更好地传达*Summer Embrace*的夏日氛围和情感。根据歌词的描述和整体感觉，Folk 和 Ambient 风格是最贴近的选择。如果需要更具体的风格或有其他要求，请告诉我。

知识延伸：音乐风格（Style of Music）词语拓展。

Bluegrass（草地音乐）、Country（乡村音乐）、Folk（民谣）、Dance（舞曲）、Afro-Cuban（阿弗罗-古巴）、Dance Pop（流行舞曲）、Disco（迪斯科）、Dubstep（配音步）、Disco Funk（迪斯科放克）、EDM（电子舞曲）、Electro（电子）、High-NRG（高能量）、House（浩室音乐）、Trance（迷幻舞曲）、Downtempo（缓拍）、Ambient（环境音）、Drum'n'bass（鼓与贝斯）、Electronic（电子音乐）、IDM（智能舞曲）、Synthpop（合成流行）、Synthwave

（合成波）、Techno（技术音乐）、Trap（陷阱音乐）、Jazz/Soul（爵士/灵魂）、Bebop（比博普）、Gospel（福音）、Latin Jazz（拉丁爵士）、Female Pop Upbeat（女流行歌手）。

06 将Style of Music（音乐风格）和Title（标题）填写完整，如图8-33所示。

07 单击Create按钮，即可生成两首音乐，如图8-34所示。

08 生成音乐后，如果对生成的音乐满意，可单击■按钮，选择Download选项进行下载，如图8-35所示。

图 8-33

图 8-34

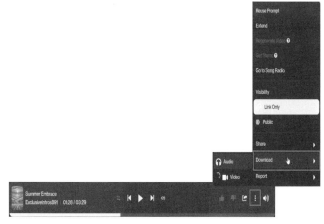

图 8-35

第 9 章
影像演进：AI 在视频影像中的探索

  本章主要介绍如何使用Runway生成图像视频。通过实例讲解具体操作步骤，展示AI视频工具的功能和用法，让大家逐步掌握制作完整视频所需的知识与技巧。本章将从基础视频生成开始，逐步深入，涵盖视频制作中的每一个关键环节，确保在学习结束后大家能够独立创建高质量的视频内容。

9.1 AI视频基本生成方式

人工智能在视频制作中扮演着日益重要的角色，赋予创作者更多的创意自由和技术支持。通过自动化复杂的任务，如视频剪辑、特效生成和风格转换，AI使得视频编辑更加高效且智能化。此外，AI还能够根据用户的指令生成和调整内容，大大简化了创作流程，同时保证了高质量的输出。这些特点使得人工智能成为现代视频制作不可或缺的工具。

9.1.1 文本转换视频：革新传统视频教学内容

Runway的文字生视频功能利用人工智能算法，将文本描述转化为动态视频。用户输入文字描述后，系统自动生成相应的视频画面，适用于多种创意制作场景。这一功能大大简化了视频制作流程，提高了创作效率，具体操作如下。

扫码看教学视频

01 首先打开Runway软件，进入Home界面，单击Text/Image to Video按钮，如图9-1所示，进入文本/图像转视频界面。

图 9-1

02 单击Prompt按钮 **T**，在文本框中输入描述词：A person is standing on a busy city street, starting from a standstill, and suddenly starts running. The city background is blurred with streaks of colorful lights and towering buildings, creating a dynamic, cinematic effect. The person's determined face and flowing hair add to the sense of urgency and motion（一个人正站在繁华的城市街道上，从静止开始，然后突然开始奔跑。城市的背景是模糊的色彩斑斓的灯光和高耸的建筑，营造出一种动态的、电影般的效果。那人坚定的脸庞和飘动的头发，增添了一种紧迫感和动感），如图9-2所示。

211

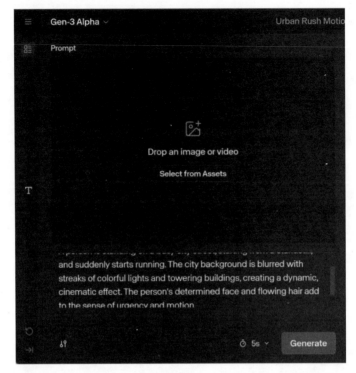

图 9-2

03 最后单击下方的Generate按钮 Generate ，即可生成一个视频，如图 9-3所示。

04 单击右上角的"下载"按钮 ，即可保存视频。如果生成的视频不符合预期，可继续调整参数重新生成。

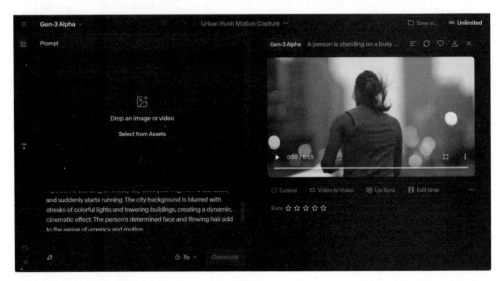

图 9-3

9.1.2　图片转换视频：赋予静态图片生命力

Runway的图片生视频功能强大，用户只需上传静态的图片，系统便能智能生成动态的视频，实现图片到视频的转变。该功能操作简单，效果逼真，为用户提供了便捷的创作方式，轻松将静态的图片转化为生动有趣的动态视频，具体操作如下。

扫码看教学视频

01 首先打开https://runwayml.com网址，进入Runway软件的Home界面，单击Text/Image to Video按钮，如图9-4所示，进入文本/图像转视频界面。

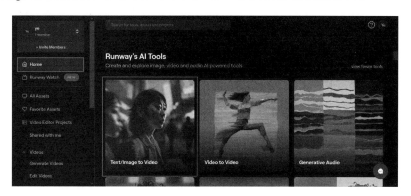

图 9-4

02 单击 按钮，上传需要生成视频的图像，并在下方的文本框中输入描述词：A colossal waterfall thunders down an immense canyon, with a surging cascade of water in motion. Dense forests, lush and green, surround the scene, creating a spectacular view from an overhead perspective. Mist rises, catching sunlight, forming a rainbow. Birds soar above, adding to the breathtaking beauty（一座超级大瀑布从巨大的峡谷中轰鸣而下，水流湍急。茂密翠绿的森林环绕四周，俯瞰视角下景色壮观。水雾升腾，阳光下形成了彩虹。鸟儿在上空翱翔，增添了令人惊叹的美丽），如图9-5所示。

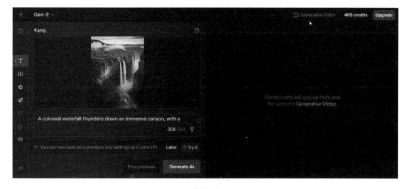

图 9-5

03 单击Camera Control按钮⊕，如图9-6所示，进入相机控制界面，调整相关参数，如图9-7所示。

图 9-6   图 9-7

04 单击Motion Brush按钮✐，进入运动画笔设置界面，分别使用Brush1、Brush2、Brush3对画面中需要运动效果的地方进行涂抹，如图9-8所示。

图 9-8

05 下拉分别设置Brush1、Brush2、Brush3的运动视觉效果参数，如图9-9所示。

图 9-9

06 最后单击下方的"Generate 4s" 按钮，即可生成一个时长4秒的视频，如图9-10所示。

07 单击右上角的"下载"按钮🔽，即可保存视频。如果生成的视频不符合预期，可继续调整参数重新生成。

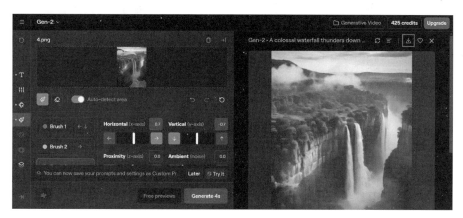

图 9-10

9.1.3　人物视频对口音：打破视频语言对话

01 打开https://jimeng.jianying.com/网址，进入即梦界面，如图9-11所示。

扫码看教学视频

图 9-11

02 在首页中单击"AI视频"中的"视频生成"按钮，进入视频生成面板中选择"对口型"选项，如图9-12所示。

03 接着导入图片素材与需要朗读的文本：假如再碰不到你们，祝你早、午、晚都晚安。并设置其他参数，最后单击下方"生成视频"按钮，生成视频，如图9-13所示。

图 9-12   图 9-13

04 生成的视频在面板右侧中进行查看，单击视频的右上方箭头按钮可保存下载视频，如图9-14所示。

图 9-14

9.2 电影预告视频制作

本节将通过巧妙结合使用一系列AI工具，完整地制作一个电影预告短片。从剧本创作、人物设计到场景生成，再到视频编辑、配音与配乐，AI技术将应用于每个环节，最终呈现出一个引人入胜的预告片。这一过程不仅简化了电影制作的

复杂流程，还为创意提供了无限可能。下面一起来探索如何利用AI创造出精彩的
电影预告吧！

9.2.1　使用ChatGPT生成文本内容

扫码看教学视频

? 问1：

你是一名经验丰富的编剧，擅长创作悬疑、扣人心弦的故事脚本。现在需要
你为《白雪公主》故事创作一个15秒左右的预告片镜头脚本。这个预告片要展现
出故事的紧张氛围，吸引观众的眼球，但不能透露全部剧情。请你通过表格的形式详细描述
剧本的分镜序号、画面、台词、时长、云镜、场景、角度、景别和视频效果。

以下是你的任务。

1.分镜序号：每个镜头的编号。

2.画面：镜头中具体画面的描述。

3.台词：镜头中的对白或旁白。

4.时长：镜头的持续时间。

5.云镜：镜头的运动，如推、拉、摇、移等。

6.场景：镜头发生的地点。

7.角度：镜头的拍摄角度，如仰拍、俯拍等。

8.景别：镜头的景别，如远景、近景等。

9.视频效果：特殊的视频效果，如慢动作、淡入淡出等。

请详细描述上述每一项内容，确保预告片能够有效传达故事的紧张氛围并吸引观众的注
意力。

◎ 答：

《白雪公主》预告片镜头脚本如下。

分镜序号	画面	台词	时长	云镜	场景	角度	景别	视频效果
1	在黑暗森林中，夜晚的月光透过树枝，映照在一条狭窄的小路上	旁白：在黑暗中，她逃离了危险	3秒	推镜	森林小路	俯拍	远景	月光闪烁
2	白雪公主慌张地回头张望，脸上满是恐惧和汗水		2秒	拉镜	森林深处	仰拍	近景	快速切换
3	镜子中的邪恶皇后，冷笑着凝视镜子中的白雪公主	皇后：你逃不掉的，白雪公主	3秒	摇镜	皇宫内室	平视	中景	镜子反光
4	白雪公主在森林中跌倒，手上的苹果滚落到地上，发出清脆的声音		2秒	定镜	森林地面	俯拍	特写	慢动作
5	七个小矮人手持武器，从树林中冲出来，眼神坚定	旁白：希望总在黑暗中闪现	3秒	移镜	森林边缘	平视	全景	烟雾弥漫
6	快速剪辑：皇后手持毒苹果，笑声回荡在空中；白雪公主闭眼倒下	旁白：勇敢与命运的较量	2秒	推拉	多场景切换	多角度	多景别	闪白过渡

这个预告片通过紧张的画面和扣人心弦的台词，以及快速的镜头切换和特殊视频效果，营造出一种紧张和悬疑的氛围，吸引观众的眼球，同时又不透露全部剧情。

？问2：

这是一段在Midjourney中生成一张图片场的描述词，请你参考以下描述词的写法和格式，将这6个分镜头分别用6段描述词描述：Disney's Snow White is sitting on the ground holding an apple in her hand, with birds flying around and flowers blooming all over. The background of European forests features high-definition illustrations in the style of oil painting, bright colors, and Disney cartoon characters. Aesthetics, movie posters, game art design, original artwork and animation style. It has a strong sense of light and shadow, with bright colors, full body portraits, wide-angle shots, and high definition pictures in the style of.

◎答：

好的，下面基于你提供的描述词的写法和格式，将每个分镜头改写成6段描述词。

分镜1

描述词：In Disney's Snow White story, the dark forest at night is illuminated by moonlight filtering through the tree branches, casting eerie shadows on the narrow path. The background features high-definition illustrations in the style of oil painting, with dark and mysterious aesthetics, movie posters, game art design, original artwork, and animation style. It has a strong sense of light and shadow, with detailed scenery, wide-angle shots, and high definition pictures.（在迪士尼的《白雪公主》故事中，夜晚的黑暗森林被月光透过树枝照亮，在狭窄的小路上投下了诡异的阴影。背景是高清插图，油画风格，黑暗而神秘的美学，电影海报，游戏艺术设计，原创艺术作品和动画风格。具有强烈的光影感，详细的景色，广角镜头和高清图片。）

分镜2

描述词：Disney's Snow White is looking over her shoulder with fear in her eyes, sweat visible on her face, standing in a dense, dark forest. The background features high-definition illustrations in the style of oil painting, with intense and suspenseful aesthetics, movie posters, game art design, original artwork, and animation style. It has a strong sense of light and shadow, with close-up portraits, dramatic angles, and high definition pictures.（迪士尼的白雪公主在茂密的黑暗森林中，带着恐惧的眼神回头看，脸上有明显的汗水。背景是高清插图，油画风格，紧张和悬疑的美学，电影海报，游戏艺术设计，原创艺术作品和动画风格。具有强烈的光影感，特写肖像，戏剧性的角度和高清图片。）

分镜3

描述词：The evil queen from Disney's Snow White story gazes into a magical mirror with a cold smile, in a dimly lit and ominous room. The background features high-definition illustrations in the style of oil painting, with dark and sinister aesthetics, movie posters, game art design, original artwork, and animation style. It has a strong sense of light and shadow, with medium close-up shots, dramatic lighting, and high definition pictures.（迪士尼《白雪公主》故事中的邪恶皇后冷笑着凝视魔镜，房间昏暗而不祥。背景是高清插图，油画风格，黑暗而阴险的美学，电影海报，游戏艺术设计，原创艺术作品和动画风格。具有强烈的光影感，中景特写，戏剧性的照明和高清图片。）

分镜 4

描述词：Disney's Snow White is falling to the ground in a forest, her hand releasing a shiny red apple. The ground is covered with leaves and twigs. The background features high-definition illustrations in the style of oil painting, with dramatic and tragic aesthetics, movie posters, game art design, original artwork, and animation style. It has a strong sense of light and shadow, with dynamic action shots, close-up details, and high definition pictures.（迪士尼的白雪公主在森林中倒地，从她的手中掉落了一颗闪亮的红苹果。地上铺满了树叶和树枝。背景是高清插图，油画风格，戏剧性和悲剧的美学，电影海报，游戏艺术设计，原创艺术作品和动画风格。具有强烈的光影感，动态动作镜头，特写细节和高清图片。）

分镜 5

描述词：The seven dwarfs from Disney's Snow White story, armed with weapons, emerge from the misty edge of the forest with determined expressions. The background features high-definition illustrations in the style of oil painting, with heroic and adventurous aesthetics, movie posters, game art design, original artwork, and animation style. It has a strong sense of light and shadow, with group portraits, wide-angle shots, and high definition pictures.（迪士尼《白雪公主》故事中的七个小矮人，手持武器，从雾气弥漫的森林边缘出现，表情坚定。背景是高清插图，油画风格，英雄和冒险的美学，电影海报，游戏艺术设计，原创艺术作品和动画风格。具有强烈的光影感，群体肖像，广角镜头和高清图片。）

分镜 6

描述词：A rapid montage from Disney's Snow White story: the evil queen standing in a grand castle hall, holding a poisoned apple with a sinister laugh, her face illuminated by an eerie glow. The scene is dramatic and intense, with the vast castle interior showcasing intricate architecture and grandiose details. The background features high-definition illustrations in the style of oil painting, with dark and suspenseful aesthetics, movie posters, game art design, original artwork, and animation style. It has a strong sense of light and shadow, with dramatic scenes, dynamic angles, and high definition pictures.（迪士尼《白雪公主》故事中的快速蒙太奇：邪恶皇后站在宏伟的城堡大厅里，手持毒苹果，发出阴险的笑声，她的脸被诡异的光芒照亮。场景戏剧性和紧张，宏大的城堡内部展示了复杂的建筑和宏伟的细节。背景是高清插图，油画风格，黑暗和悬疑的美学，电影海报，游戏艺术设计，原创艺术作品和动画风格。具有强烈的光影感，戏剧性的场景，动态角度和高清图片。）

9.2.2 使用Midjourney生成素材

扫码看教学视频

01 首先启动Discord，进入个人创建服务器页面。

02 在Midjourney界面中单击文本框，使用/imagine指令，选择Midjourney Bot机器人，在指令框中分别输入英文关键词，如图9-15所示为分镜1生成效果，如图9-16所示为分镜2生成效果，如图9-17所示为分镜3生成效果，如图9-18所示为分镜4生成效果，如图9-19所示为分镜5生成效果，如图9-20所示为分镜6生成效果。

图 9-15

图 9-16

图 9-17

图 9-18

图 9-19

图 9-20

9.2.3　导入Photoshop微调画面

01 打开Photoshop软件，导入分镜2中的画面，使用调整图层将画面中有阳光的部分去除，使画面从白天变成夜晚，如图9-21所示为原图，如图9-22所示为调整后的效果图。

图 9-21　　　　　　　　　　　　　　　图 9-22

02 导入分镜2和分镜3中的画面，如图9-23和图9-24所示。

图 9-23　　　　　　　　　　　　　　　图 9-24

03 使用"钢笔工具" ⬚框选图9-24中的魔镜部分，建立剪切蒙版，导入图9-23所示的图片，调整图层的不透明度，效果如图9-25所示。

图 9-25

04 导入分镜4中的画面，如图9-26所示，选择"选框工具" ⊡ ，框选苹果，在"创成式填充"的文本框中输入"咬了一口的苹果"，生成新的苹果，效果如图9-27所示。

图 9-26　　　　　　　　　　　　　　　　　　图 9-27

9.2.4　使用Runway制作动画效果

01 打开https://runwayml.com网址，进入Runway软件的Home界面，单击Text/Image to Video按钮，如图9-28所示，进入文本/图像转视频界面。

扫码看教学视频

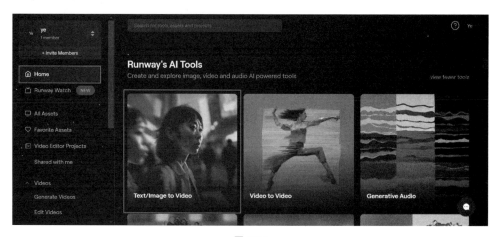

图 9-28

02 单击左侧的Prompt按钮 T ，上传分镜1中的图像，并在下方的文本框中输入描述词：In Disney's Snow White story, the dark forest at night is illuminated by moonlight filtering through the tree branches, casting eerie shadows on the narrow path. （在迪士尼的《白雪公主》故事中，夜晚的黑暗森林被月光透过树枝照亮，在狭窄的小路上投下了诡异的阴影。）如图9-29所示。

03 单击左侧的Camera Control按钮 ⟳ ，调整相机控制镜头方向，如图9-30所示。

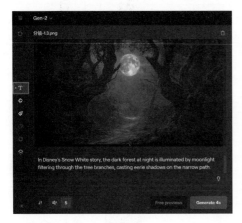

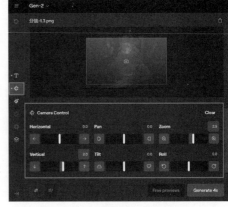

图 9-29　　　　　　　　　　　　　　图 9-30

04 最后单击下方的Generate 4s
按钮 Generate 4s ，即可生成一个时
长4秒的视频，如图9-31所示。

05 单击右上角的"下载"
按钮 即可保存视频。如果生成
的视频不符合预期，可继续调整
参数重新生成。

06 单击左上角的Reset all
settings按钮 ，如图9-32所示，
重置该页面。

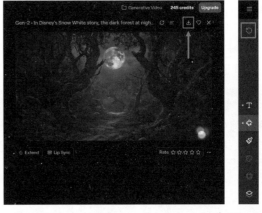

图 9-31　　　　　　　　　　图 9-32

07 单击左侧的Prompt按钮
，上传分镜2中的图像，并在
下方的文本框中输入描述词：Disney's Snow White is looking over her shoulder with
fear in her eyes, sweat visible on her face, standing in a dense, dark forest.（迪士尼的
白雪公主在茂密的黑暗森林中，带着恐惧的眼神回头看，脸上有明显的汗水。）
如图9-33所示。

08 单击左侧的Camera Control按钮 ，调整相机控制镜头方向，如图9-34
所示。

09 单击左侧的Motion Brush按钮 ，进入运动画笔设置界面，分别使用
Brush1和Brush2对画面中需要做出运动效果的地方进行涂抹，如图9-35所示。

10 下拉分别设置Brush1和Brush2的运动视觉效果参数，如图9-36所示。

图 9-33

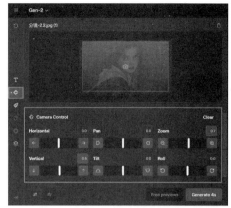
图 9-34

图 9-35

图 9-36

225

11 最后单击下方的Generate 4s按钮 `Generate 4s` ，即可生成一个时长4秒的视频，如图9-37所示。

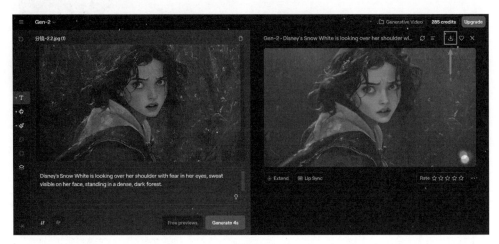

图 9-37

12 单击右上角的"下载"按钮🔽，即可保存视频。如果生成的视频不符合预期，可继续调整参数重新生成。

13 单击左上角的Reset all settings按钮↺，重置该页面。单击左侧的Prompt按钮🅣，上传分镜3中的图像，并在下方的文本框中输入描述词：The evil queen from Disney's Snow White story gazes into a magical mirror with a cold smile, in a dimly lit and ominous room. （迪士尼《白雪公主》故事中的邪恶皇后冷笑着凝视魔镜，房间昏暗而不祥。）如图9-38所示。

14 单击左侧Camera Control按钮↔，调整相机控制镜头方向，如图9-39所示。完成后单击下方的Generate 4s按钮 `Generate 4s` ，生成视频并导出。

图 9-38

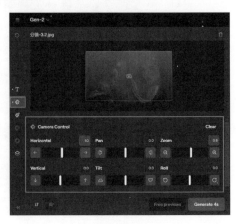

图 9-39

15 单击左侧的Motion Brush按钮 ，进入运动画笔设置界面，分别使用Brush1和Brush2对画面中需要做出运动效果的地方进行涂抹，如图9-40所示。

16 分别设置 Brush1 和 Brush2 的运动视觉效果参数，如图 9-41 所示。完成后单击下方的 Generate 4s 按钮 Generate 4s ，生成视频并导出。

图 9-40

17 单击左上角的Reset all settings按钮 ，重置该页面。单击左侧的Prompt按钮 ，上传分镜4中的图像，如图9-42所示。

18 单击左侧的Camera Control按钮 ，调整相机控制镜头方向，如图9-43所示。完成后单击下方的 Generate 4s按钮 Generate 4s ，生成视频并导出。

图 9-41

图 9-42

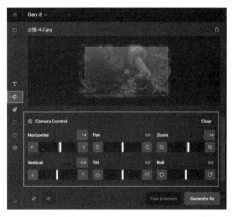

图 9-43

19 单击左上角的Reset all settings按钮 ，重置该页面。单击左侧的Prompt按钮 ，上传分镜5中的图像，并在下方的文本框中输入描述词：The seven dwarfs from Disney's Snow White story, armed with weapons, emerge from the misty edge of the forest with determined expressions.（迪士尼《白雪公主》故事中的七个小矮人，手持武器，从雾气弥漫的森林边缘出现，表情坚定。）如图9-44所示。

20 单击左侧的Camera Control按钮 ，调整相机控制镜头方向，如图9-45所示。完成后单击下方的Generate 4s按钮 Generate 4s ，生成视频并导出。

图 9-44

图 9-45

21 单击左上角的Reset all settings按钮 ，重置该页面。单击左侧的Prompt按钮 ，上传分镜6中的图像，并在下方的文本框中输入描述词：A rapid montage from Disney's Snow White story: the evil queen standing in a grand castle hall, holding a poisoned apple with a sinister laugh, her face illuminated by an eerie glow.（迪士尼《白雪公主》故事中的快速蒙太奇：邪恶皇后站在宏伟的城堡大厅里，手持毒苹果，发出阴险的笑声，她的脸被诡异的光芒照亮。）如图9-46所示。

22 单击左侧的Camera Control按钮 ，调整相机控制镜头方向，如图9-47所示。完成后单击下方的Generate 4s按钮 Generate 4s ，生成视频并导出。

图 9-46

图 9-47

23 单击左侧的 Motion Brush 按钮 ，进入运动画笔设置界面，使用 Brush1 对画面中需要做出运动效果的地方进行涂抹，如图 9-48 所示。

24 设置 Brush1 的运动视觉效果参数，如图 9-49 所示。

图 9-48

图 9-49

25 完成后单击下方的 Generate 4s 按钮 ，生成视频并导出。

9.2.5　使用 Suno 生成音乐

01 打开 https://suno.com/ 网址，进入 Suno 工作界面，如图 9-50 所示。

扫码看教学视频

图 9-50

02 输入音频描述词：Classical orchestral music with heavy strings and deep brass. Eerie choral voices and dissonant piano notes are added.（古典管弦乐，带有重弦乐和深沉的铜管乐器。加入诡异的合唱声音，以及不和谐的钢琴音符。）其他参数设置如图 9-51 所示。

设置完成后，单击 Create 按钮，即可生成两首音乐，如图 9-51 和图 9-52 所示。

图 9-51

图 9-52

03 生成音乐后，如果对生成的音乐满意，可单击 ▦ 按钮，选择Download选项进行下载，如图9-53所示。

图 9-53

9.2.6 导入剪映中进行剪辑

扫码看教学视频

所有素材准备完后，启动"剪映"软件，将Runway中生成的分镜1~分镜6视频依次导入剪映，如图9-54所示。

01 单击常用工具栏中的"倒放"按钮，将分镜1进行倒放处理。

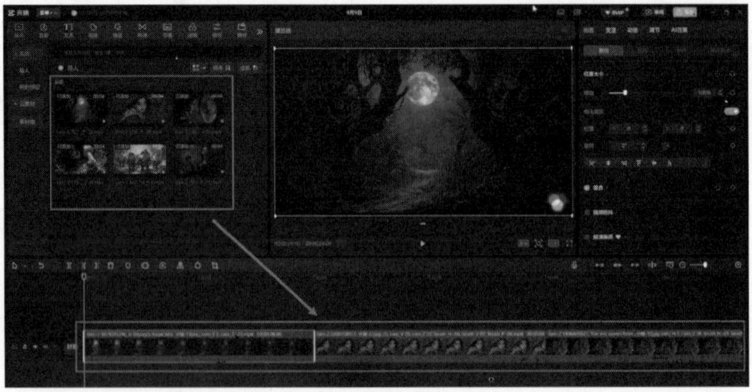

图 9-54

02 将Suno中生成的背景音乐导入，如图9-55所示。

03 在"文本"中单击"默认文本"按钮，添加由ChatGPT中生成的旁白和台词，字号设置为"5"，字间距为"1"，如图9-56所示。

图 9-55　　　　　　　　　　　　　　　　图 9-56

04 使用常用工具栏中的"向右裁剪"按钮，分别选中时间轴区域内的视频素材分镜1和分镜2，在分镜1的3秒22帧处和分镜2的5秒27帧处，依次裁掉空白片段，如图9-57所示。

05 移动时间线至9秒00帧处，选中时间轴区域内的背景音乐素材，单击常用工具栏中的"分割"按钮进行分割，如图9-58所示。

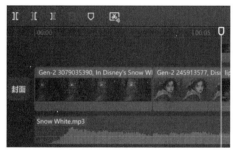
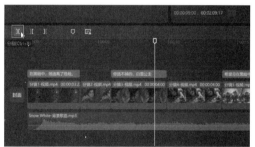

图 9-57　　　　　　　　　　　　　　　　图 9-58

06 选中背景音乐素材，移动时间线至17秒12帧处，单击常用工具栏中的"向左裁剪"按钮，裁掉空白片段，并将背景音乐向前移动，如图9-59所示。

07 移动时间线至11秒13帧处，分别选中分镜4视频，单击常用工具栏中的"向右裁剪"按钮，依次裁掉分镜4与背景音乐右边的空白片段，如图9-60

图 9-59

所示。

08 选中分镜4下方的背景音乐，使用Ctrl+C组合键复制，Ctrl+V组合键粘贴，为后面视频复制一份背景音乐，并进行拖动延长，如图9-61所示。

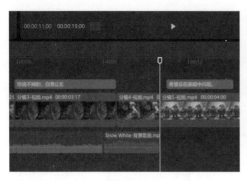

图 9-60

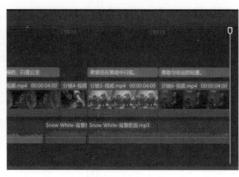

图 9-61

09 使用文本朗读中的"播音旁白"为三段旁白添加上配音，将配音依次向右移动0.7秒，并将配音变速调整为0.9x。

10 选中分镜3中的人物台词，使用文本朗读中"华妃"添加配音，并将配音变速调整为0.9x，如图9-62所示。

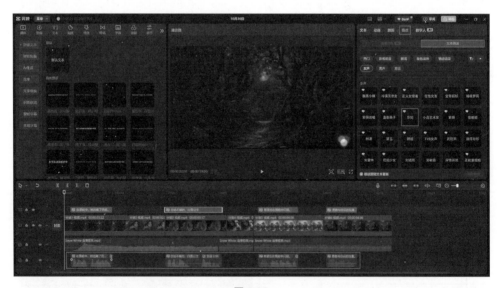

图 9-62

11 单击"音频"按钮，在文本框中输入"女巫笑声"，选择"经典的女巫笑声"选项，如图9-63所示。

12 插入时间线16秒13帧处，如图9-64所示。

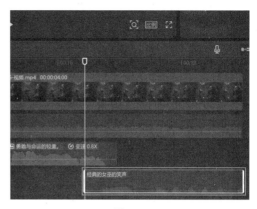

图 9-63　　　　　　　　　　　　　　　　　　图 9-64

⑬ 调整音量，参数设置如图9-65所示。

⑭ 在背景音乐结尾处单击 ⬤ 按钮，设置背景音乐的淡出时间，如图9-66所示。

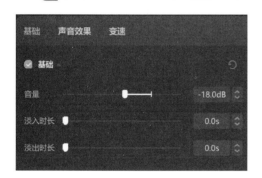

图 9-65　　　　　　　　　　　　　　　　　　图 9-66

⑮ 最后单击面板右上方的"导出"按钮，即可保存视频，如图9-67所示。

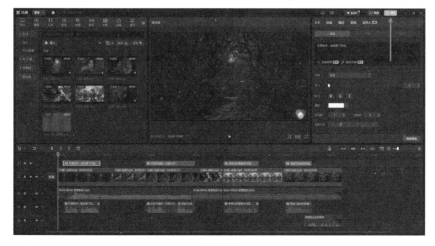

图 9-67